特养技术
轻松致富

养貂技术
简单学

◎ 苏伟林 荣敏 主编

U0349168

中国农业科学技术出版社

图书在版编目（CIP）数据

养貂技术简单学／苏伟林，荣敏主编.—北京：中国农业科学技术出版社，2015.1

ISBN 978 - 7 - 5116 - 1751 - 4

Ⅰ.①养…　Ⅱ.①苏…②荣…　Ⅲ.①水貂 - 饲养管理　Ⅳ.①S865.2

中国版本图书馆 CIP 数据核字（2014）第 145365 号

责任编辑　朱　绯　穆玉红
责任校对　贾晓红

出　版　者　中国农业科学技术出版社
　　　　　　　北京市中关村南大街 12 号　邮编：100081
电　　　话　（010）82106626（编辑室）　（010）82109704（发行部）
　　　　　　　（010）82109709（读者服务部）
传　　　真　（010）82106626
网　　　址　http：//www.castp.cn
经　销　者　各地新华书店
印　刷　者　北京富泰印刷有限责任公司
开　　　本　850mm×1 168mm　1/32
印　　　张　7.25
字　　　数　191 千字
版　　　次　2015 年 1 月第 1 版　2015 年 1 月第 1 次印刷
定　　　价　19.80 元

《养貂技术简单学》编委会

主　编：苏伟林　荣　敏

副主编：涂剑锋　张志明　吴　琼

编　者（按姓氏笔画排列）：

于　淼　冯云阁　邢秀梅

刘汇涛　杨　颖　李彩虹

岳志刚　胡大勇　唐福全

徐佳萍　鞠　研

目　　录

第一章　养貂投入轻松算

一、养貂场建设

（一）养貂场址的选择

养貂场址的选择，应以自然环境条件适合于水貂生物学特性为宗旨。其中，需要考虑的主要因素有饲料来源、水电来源、防疫条件和交通等。

1. 饲料来源：水貂饲料可以是鲜料或者配合好的饲料，其中以鲜料为佳。鱼类饲料是水貂动物性蛋白质的重要来源之一，适口性强，蛋白质消化率高，资源广泛，价格低廉。因此，在沿海地区养殖水貂是很好的选择，当然，随着物流的进步和水貂饲料公司的不断出现，如今在内地也可以进行水貂养殖。

2. 水源：貂场用水量很大，因此，场地应选在水源充足和水质好的地方。水貂饮用水最好采用深井水、自来水、泉水。死水如池塘的水容易被污染，不宜供饮用。

3. 其他因素：饲养场应远离市区，远离公路，选择安静的区域，既可以保证貂的生活不被噪音干扰，也不会因为味道而令周围居民感到不适。尽量不占耕地，最好利用贫瘠土地或非耕地。用地面积应与貂群数量及今后发展需要相适应，土质以沙土，沙壤土为宜。貂舍要建在地势较高，地面干燥，背风向阳的地方。低洼泥泞，不利排出污水的沼泽地带、常有云雾弥漫和风沙侵袭严重的地区不宜建场。研究结果显示，水貂的繁殖和换毛与光周期密切相关，而光周期的变化幅度又和地理纬度相关，因此，在建场时必须考虑当地的纬度。由于在低纬度地区饲养时，水貂的繁殖机能将受到抑制，生产性能和毛皮质量也会逐年下降，因此，我国北纬30°以南地区不适宜发展水貂饲养业。

（二）养貂场的经营

经营水貂场所追求的目标是优质、低耗、高效，要达到此目标必须注重以下6个方面。

1. 以种貂为根本：种貂的品质不仅体现自身价值，而且决定了产品的质量和经济效益。无论新、老水貂养殖场，都应把种貂放在经营管理的根本地位。确立良种意识观念，力争人无我有、人有我多、人多我精、人精我特。

2. 以市场信息为导向：一个养貂场必须有一个较长时期的目标和符合市场需求的发展方向。以市场信息为导向才能生产市场适销对路的产品，增强竞争能力。

3. 以饲料为基础：饲料是养殖水貂最重要的基础条件，又是饲养成本的决定因素。抓好这一基础，不仅能获得种貂良好繁殖效果，而且还将科学地降低饲养成本。

4. 以技术管理为保证：要加强科学技术管理，向科技要效益。大、中型养貂场要配备得力的技术管理人员，加强对职工技术培训，不断提高总体技术水平。

5. 以资金做后盾：水貂养殖投资较大，特别是流动资金投入较多，养殖水貂一定要量体裁衣，适度发展，确保流动资金的来源和流通。

6. 以效益为中心：养貂的最终目的就是获得较好的经济效益，只要坚持上述的经营理念，就能达到优质、低耗、高效的目的。

（三）貂场的经济分析

1. 生产成本分析：成本是指单位产品的物力与人力消费，分为直接消费和间接消费。直接消费是指直接投入产品生产过程的消费，包括饲养费、饲养员工资、饲养场直接使用的工具、场地、维修费等。这部分消费占成本的绝大部分。间接消费是指用于服务性生产的消费，主要指后勤、行政人员工资、非生产性建设投资、行政管理费用等。这部分消费应占成本的较少部分，经营管理水平和貂群的规模直接影响着间接费用。配套条件适宜的大、中型养貂场，间接费用较低。

2. 收入分析：水貂场经济收入主要是出售皮张、种貂收入，其次为副产品收入。第一，在条件允许情况下，水貂饲养的总只数及平均产量越多；则总收入随之增加。第二，产品的质量对售价影响很大，故优良种貂及其产品在成本不变的情况下，收入却能明显提高。

3. 经济效益：水貂场的总收入减去总支出，即为经济效益，正数为盈利、负数为亏损。正常情况下，水貂平均育成幼貂应达4 只，产品按皮张计算利润为总成本的 30%～50%。

4. 效益风险点：水貂场的效益在成本和产品售价不变的情况下，其盈利直接取决于平均生产幼龄水貂的多少。当育成貂数低于某一数值时，效益上将出现亏损，这一决定盈亏的临界数被称为风险点。水貂年终群平均育成幼龄水貂的风险数为 2.5 只。

（四）养貂场的生产管理

貂场的饲养人员应实行生产定额管理并与全场生产计划相适应。应明确下列几项计划指标：固定给每个饲养员、饲料加工员的水貂头数；种貂繁殖指标即仔貂、幼龄水貂育成数；生产的产品质量和数量定额等。建立健全生产人员岗位职责，最好实行全员岗位承包责任制。

场长职责：组织全场劳动，保证饲料供应，制定劳动定额并签订劳动合同；在队长、技术员的协助下，完成生产计划、经济计划、产品质量提高计划。

生产队长职责：协助场长分管饲料出库、称重和加工、确保饲料质量，组织场内繁殖、育种、疾病防治、产品加工及维修等具体管理工作；根据定额落实饲养员、饲料加工员工作岗位并监督指导。

技术员：制定饲料单和貂群品质提高技术措施，落实、解决生产中涉及的具体技术问题，监督、配合场长、队长执行计划，管理好技术资料和技术档案等。

（五）水貂养殖场的规划总体原则

加大生产主体即饲养区的用地面积，尽量增加载貂量，根据实际需要尽量缩减主体服务区的用地面积，以保证和增加经济效益。饲养区用地面积与服务区用地面积之比例应不低于 4∶1。各种设施、建筑的布局应方便于生产，符合卫生防疫，力求整齐规范。建设标准应量体裁衣，因地制宜，尽量压缩非直接生产性投资。根据总体规划分阶段建设投资，并为长远发展留有余地。建水貂养殖场不要一直追求气派，这要根据自己财力量体裁衣，但不主张铺张浪费，力求整洁、规范、干净卫生。

貂场投资者在建设自己的貂场前，首先要考虑自己的适度规模，即在一定的条件下，养貂者结合自身的经济实力、生产条件和技术水平，充分利用自己的各种优势，把生产潜能充分发挥出来，以取得最好的经济效益。

1. 房屋建设投入：一般常见的房屋建设投入如下。

（1）饲料加工室：是冲洗、蒸煮和调制饲料的地方，室内应具备洗涤饲料、熟制饲料的设备或器具，包括洗涤机、绞肉机、蒸煮罐等。室内地面及四周墙壁，须用水泥抹光（或铺贴瓷砖），并设下水道，以便于洗刷、清扫和排除污水，保持清洁。

（2）毛皮加工室：将水貂处死之后，运至毛皮加工室，剥取貂皮和貂皮初步加工。通常设有剥皮台、刮油机（板）、洗皮转鼓和转笼等。毛皮烘干应置于专门的烘干室（图1-1）内，室内温度控制在20~25℃。

图1-1　毛皮烘干室（摄于名威貂业）

（3）毛皮分级室：毛皮分级是养殖工作中重要的组成部分，因此有一个专用房间进行分级是必要的。皮毛分级通常在秋季进行，需要在日光灯下进行。一般室内需要设验质案板，案板表面刷成浅蓝色，案板上部距板案面70厘米左右高处，安装3~4只40瓦的日光灯管，门和窗户备有门帘和窗帘，供检验皮张时遮挡自然光线用。分级笼也常见于貂场的工作中，其大小与水貂接近，可以将水貂固定在笼内，然后进行分级，这种方法节约成本，并对貂影响较小。

（4）饲料贮藏室：分为干饲料仓库和冷冻库。干饲料仓库要求阴凉、干燥、通风，无鼠虫危害。有条件的貂场可以修建冷冻库，贮藏新鲜动物性饲料，库温控制在 -15℃ 以下。小规模养殖户，可在背风阴凉处修建简易冷藏室或购置低温冰柜。

（5）防疫及化验室：主要用于动物免疫、疾病检疫和配种结果检验等。

（6）消毒室：为保证水貂的安全，通常在貂场生产区入口处设置一个消毒室，防止外界污染带入生产区。在貂场大门及各区域入口处，应设有相关的消毒设施，如车辆消毒池、人的脚踏消毒槽或喷雾消毒室、更衣换鞋间等。

（7）貂棚：棚舍为水貂创造了安全、安静的生活环境，减少气候突变时的应激刺激。棚舍建筑要求通风采光、避雨雪。在棚舍设计、建造和改造的过程中，应综合考虑光照条件、空气质量、方向位置、水源条件等各种环境因素，创造适合水貂生理特点的生活环境。

棚舍（图1-2，图1-3）建设的时候应该根据场地实际情况，在确保采光和通风的条件下，自行确定走向和长度。棚舍走向一般以东西走向为宜，既利于种水貂、皮水貂分群饲养，又对夏季防暑有利。貂棚是用空心砖、石棉瓦、水泥盖的大棚栋；每排 3~4 米宽、50 米长、柱高 1.8 米左右、顶棚梁高 1.6 米，尖顶盖。排与排间隔 1.5~2 米，每 100 只种貂需建 1 栋，而每个皮兽棚可容纳仔貂 200 只左右。每排貂棚建造左右双排、单层种貂笼 80~100 个，常见的大小为长 75 厘米、宽 45 厘米、高 35 厘米，带产仔箱小室，长、宽、高（35×35×30）厘米。常见的皮貂笼规格为长 60 厘米、宽 30 厘米、高 40 厘米，带小室，小室规格（30×30×25）厘米。

貂棚四周应该修建高 1.7~1.9 米的围墙。通常还要考虑的有门卫室/工作人员休息室。从房屋设置来说，生产服务区中饲料贮藏加工设施应就近建于饲养区的一侧，离最近饲养棚栋的距离 20~30 米，其他配套服务设施也不要离饲养区过远或过近。

图 1 - 2 水貂笼舍

生产服务场区水、电、能源设施齐全，布局中应考虑安装、使用方便。注重安全生产，杜绝水、火、电的隐患。生活服务区与生产区要相对隔离，距离稍远。生活服务区排出的废水、废物不能对生产区带来污染。按环保的要求，杜绝环境污染。同时应注重加强绿化、净化环境。整个场区均要植树种花草，减少裸露地面，绿化面积应达场区的 30% 以上，生活区和生产区就近建在一起，看起来便于安全管理，但不利于貂场卫生防疫，对人居环境卫生也不利。

标准化生产要求必须采用棚舍饲养水貂，不论宽矮式水貂棚舍（两侧可养种貂，中间只养幼貂）还是无棚舍露天简陋饲养都是不合要求的。无棚舍露天简易饲养水貂，不但违背了动物福利的规定，甚至也会引起水貂皮产品质量的降低。不少养殖场为了增加饲养数量而缩小了棚舍间距，表面上看是充分利用了土地面积，但实际上却影响了采光和通风，对种貂繁殖和貂群的健康都不利。

有观点认为棚舍南北走向最好，两排笼舍的照度会均匀一致。这种认识恰恰是忽略了种、皮貂不同光照需求的特点，而且这种走向会使西侧笼舍午后受阳光直接照射，对防暑十分不利。如非地形所限，棚舍走向还是东西方向为宜。现在市场上有许多

图 1 - 3 水貂棚舍（摄于名威貂业）

专业制作养貂的电镀笼子，并可以进行定制，可以比较方便的购买到。

2. 基本设备投入：常见的基本设备投入如下。

（1）水貂喂料车：在现代水貂场中，饲料分送机是其中非常重要的一种设备，它可以节省人力，提高喂食效率，避免浪费，在中型和大型貂场中是不可或缺的（图 1 - 4，图 4 - 5）。

（2）自动喂水系统：为降低貂场工作强度，貂场通常需要配备与自来水相连的自动喂水系统，同时这样的系统也可以保证水貂时刻有清洁的饮用水（图 1 - 6）。

（3）饲料粉碎机和搅拌机：可选设备。如果养殖户计划自己购买鲜料进行配料，粉碎机和搅拌机是必不可少的（图 1 - 7）。

推车、清洁工具等也是貂场的必备设备，有条件的貂场也可以考虑水貂处死车、粪便清理管道等设备来减轻人工劳动的强度。有资料建议在中小型貂场养鸡，一方面可以利用水貂掉落的饲料，同时也依靠鸡来清理水貂粪便滋生的蛆虫等，不但利于清

图 1 - 4 人工喂食车

图 1 - 5 自动喂食车

洁，也可以增加收入。

（六）小型养貂场建设

小型貂场是指保有 1 000 只以下母种貂的貂场。小型貂场由于规模相对较小，对于用地和建筑要求并不大，可以根据自己的实际情况对相应设施进行取舍。但一般说来，门卫室、饲料加工室是必备的。室内地面及四周墙壁，须用水泥抹光（或铺贴瓷

图1-6 自动饮水

图1-7 大型搅拌设备（摄于名威貂业）

砖），并设下水道，以便于洗刷、清扫和排除污水，保持清洁。

一般农户家养属于这种规模，应选在远离村庄及村名生活区，按照自己的经济实力规划好建场规模，所需栋及笼舍等数量，因为水貂断奶后需单笼饲养，按照一只母貂平均年产仔 4～5 只的话，那么一只种貂必须准备至少 4 个貂笼，相应的还要准备好饮水盆、支架、喂料槽、粉碎机，喂食车等运转貂场必须的物品。还要估计用电量、购买种貂费用、饲料用量、疫苗费用、治疗药物、人工费用等各项费用，做好预算，并要留出部分资金应急突发状况用。

（七）中型养貂厂建设

保有 1 000～5 000 只母种貂的貂场。选址要在相对较宽阔的地势较高的地方，根据自己的建场规划，各项建场所需物品比小型貂场数量要大，估计建场所需的栋的建材费用、笼舍的相关费用，可以采用自动饮水系统，这样节省人力，提高效率。也可采用机械喂食车，这样喂食需要一人即可，节省人工成本。规划好生产区、管理区、疫病防控区。饲料贮藏室分为干饲料仓库和冷冻库。干饲料仓库要求阴凉、干燥、通风，无鼠虫危害。有条件的貂场可以修建冷冻库，贮藏新鲜动物性饲料，库温控制在 -15℃ 以下。可在背风阴凉处修建简易冷藏室或购置低温冰柜。防疫及化验室主要用于动物免疫、疾病检疫和配种结果检验等。为保证水貂的安全，通常在貂场生产区入口处设置一个消毒室，防止外界污染带入生产区。

通常前面配有饲料室、配料室、冷藏室、饲养人员宿舍、巡夜的岗哨门卫等，需要 10～20 间正式的好房，后院是貂棚。

（八）大型养貂厂建设

保有母种貂在 5 000 只以上的貂场。综合考虑生产规模、运输条件、水源条件，等等，选择远离市区的宽阔平原或是半山区。建场前合理设计好貂场各部分建筑，职工活动区应在貂场的上风和地势较高的地段；其次为貂场的管理区；生产区位于这些区的下风和较低处，但是高于疫病防治区。做好排水系统。根据生产规模预算好机械喂食车的数量、自动饮水系统的成本、栋舍成本、所需工人的数量、大型的饲料冷冻储藏室、饲料成本、垫草成本等建场所有成本。

大型养貂场一般自己配备有自动喂水系统、饲料粉碎机和搅拌机、毛皮加工室、毛皮分级室、分级笼、有门卫室或工作人员休息室（图1-8）。

图1-8　大连名威貂业一瞥

大型貂场由于规模大，所有房屋设施必须一应俱全，不能随意减少投入，尤其是兽医防疫和消毒，要极为注意。而由于所需人手较多，在宿舍和门卫的投入上也要多于中小型貂场。

新建的貂场需要进行消毒来保证仔貂和种貂的卫生安全。新建貂场的消毒程序主要包括以下几个方面。

清扫貂舍。清理地面上的杂草、石块、笼上的灰尘等，并将清扫的污物、垃圾用焚烧法彻底消除。

水貂入笼前要进行3次消毒。第1次消毒：选用火碱（氢氧化钠）配制成5%的溶液，均匀喷湿地面，以杀灭结核杆菌、真菌、病毒等有害微生物和寄生虫。第2次消毒：选用季铵类高效消毒剂，如百毒杀，可配制成 1：1 000 的溶液，将笼舍、笼下地面、棚顶、水槽、料槽、灯线等所有物品均匀喷洒消毒一遍。水貂入笼前 2 天进行火焰消毒，火焰消毒是当前最有效的杀菌消毒方法，可杀灭笼舍内外缝隙中的真菌、结核杆菌、病毒等。

为防传染病侵入，对新建貂场的周围环境都要定期进行彻底的消毒，每月进行一次大面积的消毒，每半月进行一次小面积的消毒。常用的方法是用高效消毒剂（如过氧乙酸、次氯酸钠，漂白粉等）喷洒或喷雾，并定期交换使用。

貂场门口是饲养员每日进出的必经出口，要做到天天消毒、次次消毒，最好的方式是在门口设立与门等宽的消毒池，常用的消毒药品是 2%～5% 浓度的火碱液。

貂瘟、传染性胃肠炎、细小病毒、狂犬病等易感性传染病流行时，要选用菌必杀等消毒剂，以 1：2 000 的浓度比例对貂、笼内垫料、用具、水管、料槽等进行均匀的喷雾消毒，也可使用碘伏消毒液，按 0.01% 的浓度比例添加在饲料中口服，或按 1：3 000 的比例加在饮水中，既达到消毒的目的又可防球虫病的传染。

有的消毒药呈碱性，有的消毒药呈酸性，对嗜碱性微生物要用酸性消毒药，对嗜酸性细菌、病毒要选用碱性消毒药物，方能保持较强的杀灭力，轮换使用可达到连续杀灭的效果，切不可把酸碱消毒药混合使用。

总之，貂场使用的消毒药品要科学选择，以减少污染，提高养殖效益。

二、貂种选择

建立貂场，首要问题就是计划选择什么品种的水貂进行繁育。这听起来是个次要的问题，但实际上非常重要，因为不同品种的水貂无论在皮毛价格还是繁育能力上都有较大区别，而这两点对于貂场的利润是至关重要的。所以，在水貂毛色选择上不能基于自己的喜好，而是要从皮毛价格和生产可行性等经济角度进行评估选择。

（一）水貂品种的简单介绍

水貂在野生状态下有美洲水貂和欧洲水貂两种。现在世界各国人工饲养的均为美洲水貂的后裔，共有 11 个亚种，其经济价值最高，与家养水貂关系最密切的有 3 个亚种。野生水貂被毛多呈浅褐色，家养后经多年的选育，毛色加深，多为黑褐色，即现在人们所说的标准水貂（或称标准貂）。另外，通过长期的人工饲养，又培育出了许多色型突变种，统称为彩色水貂（或称彩貂）。目前已出现 30 多个毛色突变种，并通过各种组合，使毛色组合型已增加到了 100 余种。彩色水貂根据色型分为灰蓝色系、浅褐色系、白色系、黑色系 4 大类。多数色泽鲜艳、绚丽多彩，有较高的经济价值，世界各国都在努力繁育和发展。

我国现在人工饲养的水貂均属美洲水貂，主要品种如下。

1. 金州黑色标准水貂：本品种是大连金州珍贵毛皮动物公司历经 11 年的育种工作，以美国短毛黑水貂为父本，丹麦黑色标准水貂为母本，成功地培育出适合北纬 35°以北广大地区饲养的优秀水貂新品种。该品种水貂在体型、生长速度、繁殖性能、毛皮品质等方面都具有优良特性。

2. 丹麦黑色标准水貂：是目前丹麦境内饲养的主要类型的水貂，体形较大、发育较好、毛绒品质上乘。辽宁省华曦集团金州珍贵毛皮动物公司在 20 世纪 80 年代由丹麦的哥本哈根、澳尔堡、菲得列港等地引入该品种，并进行了大规模的培育，并利用其作为母本，培育成了我国唯一的水貂新品种"金州黑色标准水貂"。

3. 美国短毛黑水貂（图1-9）：短毛黑水貂是中国较早引进的水貂新品种，也是我国现在饲养最多的水貂品种，在各地的饲养繁育下都逐渐形成了可以适应我国不同地方，不同气候的水貂品种。这些早期的水貂品种在我国已经和刚引进的纯种大不一样，其毛皮品质比我国饲养的水貂更好，毛短而漆黑，光泽度强，全身毛色一致，无杂毛，毛峰平齐，有弹性，分布均匀。2003年，辽宁省华曦集团金州珍贵毛皮动物公司从美国引进了一批新的美国纯种短毛黑水貂，另外，山东省内也有近年来新引进的纯种美国短毛黑。这种水貂品种与目前我国大规模饲养的水貂已经不是一个概念了。

图1-9　美国短毛黑水貂（刘继忠摄）

4. 彩色水貂：野生水貂人工驯养后称为标准水貂，简称标准貂。当标准貂的毛色相关基因突变后就变成彩色水貂。彩色水貂皮，多数色泽鲜艳，绚丽多彩，有较高的经济价值，各国均在大力繁育和发展。根据基因的显隐性，可以把水貂毛色分为隐性突变型、显性基因型和组合型等。根据毛色，可以分为灰蓝色系、浅褐色系、白色系、黑色系和组合色系等五大类。

（1）灰蓝色系（隐性突变型）包括以下品种。

①银蓝色貂（图1-10），是最早（1930年）发现的突变种，呈金属灰色，深浅变化较大，两肋常带霜状的灰鼠皮色而影响其品质。这种色型的貂体型大，繁殖力高，适应性强，是国内普遍饲养的常见色型。

图1-10　银蓝色水貂（刘继忠摄）

②钢蓝色貂，其基因型由银蓝色复等位基因组成，比银蓝色深，近于深灰，色调不匀，被毛粗糙，品质不佳。

③阿留申貂，又称青铜色、青蓝色、钢枪色貂，呈青灰色，针毛近于青黑色，绒毛青蓝色，毛绒短平美观。这种貂的弱点是体质较弱，抗病力差，但其隐性突变的基因在育种上有很重要的价值。

（2）浅褐色系（隐性突变型）包括以下品种。

①褐咖啡色、深咖啡色貂（图1-11），又称烟色貂，呈浅褐色，体型较大，体质较强，繁殖力高，但部分貂出现歪颈。

②米黄色貂（图1-12），由浅棕色至浅米色，浅粉色，体型较大，美观艳丽，繁殖力强，为我国饲养较多的色型。

③索克洛特咖啡色貂，与褐咖啡色相近，体型较大，繁殖力

图 1 - 11　咖啡色水貂（刘继忠摄）

图 1 - 12　米黄色水貂（刘继忠摄）

强，但被毛粗糙。因其拥有 3 个复等位基因，故在色型组合时很有价值。

④浅黄色貂，毛被色泽由极浅的黄褐色至接近咖啡色，色泽艳丽，繁殖力和抗病力均较差。

（3）白色系（隐性突变型）包括以下品种。

①黑眼白貂，又称海特龙貂，毛色纯白，眼黑色，被毛短齐，母貂耳聋，繁殖率较低。

②白化貂，毛呈白色，但鼻、尾、四肢部呈锈黄色，眼畏光，被毛的纯白程度不如黑眼白貂。

（4）黑色（Black）系（显性突变型）包括以下品种。

①漆黑色貂，又称煤黑色貂、漆炭色貂，呈深黑色，光泽度好，由于真皮层内有大量黑色素聚集，故仔貂出生时皮肤即明显黑于普通标准水貂。我国已大量引进这种色型并普遍饲养。20 世纪 90 年代，我国从美国引入了大体型短毛黑水貂，现在，中国农业科学院特产研究所和辽宁大连金州饲养场已风土驯养成功并获得了较优良的后代。它的特点是全身纯黑（墨炭黑），针、绒毛平齐、光亮，长度接近一致，其毛皮很像獭兔皮，背腹毛颜色、质量基本一致，肉眼很难区分，是理想的优良品种。

②银紫色貂，又称蓝霜貂，呈灰色和蓝色，腹部有大白斑，四肢和尾尖白色，白针散布全身，绒毛由灰至白。这种貂皮售价很低，生产上没有多大饲养价值。

③黑十字（Blackcross）貂，有两种基因型和表现型。纯合型的水貂毛呈白色，头、颈和尾根有黑色毛斑，肩、背和体侧有散在黑针毛，它是很好的育种材料，中国辽宁大连金州饲养场已利用其与彩貂杂交培育出了彩色十字貂。杂合型的水貂肩、背部有明显的黑十字图型，其余部位毛色灰白，少有黑针。

（5）组合色型包括以下品种。

①蓝宝石貂（图 1－13），又称青玉色貂，由银蓝和青蓝 2 对纯合隐性基因组成，色泽近于天蓝色，毛皮质量优良，但繁殖力和抗病力较低。

②银蓝亚麻色貂，由银蓝和咖啡 2 对隐性基因组成，毛被呈灰色，眼深褐色。

③红眼白貂，又称帝王白，由咖啡色和白化 2 对隐性基因组成，毛呈白色，眼呈粉红色，体型大而粗，繁殖力优于黑眼白

图 1 - 13 蓝宝石水貂（刘继忠摄）

貂。中国 20 世纪 60 年代初曾引入少量饲养，经中国农业科学院特产研究所培育成适应中国饲养条件的彩貂良种，1982 年被鉴定和命名为"吉林白水貂"（图 1 - 14）。

图 1 - 14 吉林白水貂（刘继忠摄）

④珍珠色（Pearl）貂，由银蓝和米黄 2 对纯合隐性基因组成。毛为极浅的棕色或棕灰色，眼呈粉红色。

⑤芬兰黄玉色貂，由褐眼咖啡和索克洛特咖啡 2 对纯合隐性基因组成，毛浅褐色，眼深褐色。

⑥冬蓝色貂，由银蓝、青蓝和咖啡色 3 对纯合隐性基因组成。毛为淡蓝棕色，眼粉红色。

⑦紫罗兰色貂，由银蓝、青蓝和莫伊尔浅黄 3 对纯合隐性基因组成。毛色与冬蓝色貂相似，但略浅或略蓝。

⑧粉红色貂，是 4 对纯合隐性基因组合的色型。毛色近于很浅的珍珠色，带有粉红色调，眼红色。其毛皮颇受欢迎。

⑨玫瑰色貂，由咖啡色、索克洛特、米黄 3 对纯合隐性基因再加 1 对银紫色貂杂合基因组成。毛色呈淡玫瑰色，其价格高于标准水貂，是近年来水貂育种的新成果。

（二）水貂皮张的价格

在选择饲养品种前，对其往年价格数据进行研究是非常重要的，由于这些数据会定期发布，所以很容易得到最新数据，通过这些数据，貂场主可以选择最开始想要繁育的品种和想要长期培育的品种。新建立的貂场可以考虑选择短期回报最好的品种，同时也要考虑将此品种进行长期繁育。表 1－1 为 2014 年 5 月下旬国产新貂皮皮张价格表。

表 1－1　2014 年 5 月下旬国产新貂皮皮张价格

品种	规格（厘米）	公皮（元/张）		规格（厘米）	母皮（元/张）		行势
		生皮	熟皮		生皮	熟皮	
美国短毛黑	000（89～95）	370～400	420～450	0 号（77～83）	280～300	330～360	缓
	00（83～89）	320～350	350～380	1 号（71～77）	230～250	260～290	缓
	0（77～83）	270～300	300～330	2 号（65～71）	180～200	210～230	缓

（续表）

品种	规格（厘米）	公皮（元/张）		规格（厘米）	母皮（元/张）		行势
		生皮	熟皮		生皮	熟皮	
咖啡貂皮	000（89~95）	340~370	390~420	0号（77~83）	260~280	300~330	缓
	00（83~89）	290~320	320~350	1号（71~77）	230~250	250~280	缓
	0（77~83）	240~270	290~320	2号（65~71）	180~200	210~230	缓
金州黑貂	000（89~95）	250~290	290~310	0号（77~83）	180~210	210~240	缓
	00（83~89）	200~230	240~270	1号（71~77）	170~190	180~200	缓
	0（77~83）	150~180	180~210	2号（65~71）	130~150	150~170	缓
标准黑貂	000（89~95）	180~200	210~250	0号（77~83）	110~130	140~160	缓
	00（83~89）	160~180	180~200	1号（71~77）	90~100	110~130	缓
	0（77~83）	120~140	160~180	2号（65~71）	70~90	80~90	缓
白貂皮	000（89~95）	290~310	310~340	0号（77~83）	210~230	230~260	缓
	00（83~89）	230~260	260~290	1号（71~77）	180~200	200~220	缓
	0（77~83）	190~210	210~240	2号（65~71）	140~160	150~170	缓
铁灰貂皮	000（89~95）	270~290	300~330	0号（77~83）	190~210	220~250	缓
	00（83~89）	220~250	250~290	1号（71~77）	160~180	180~210	缓
	0（77~83）	180~200	200~230	2号（65~71）	120~140	140~160	缓

（续表）

品种	规格（厘米）	公皮（元/张）		规格（厘米）	母皮（元/张）		行势
		生皮	熟皮		生皮	熟皮	
宝石蓝貂	000（89~95）	300~330	350~390	0号（77~83）	200~230	230~270	缓
	00（83~89）	250~290	300~330	1号（71~77）	180~200	200~230	缓
	0（77~83）	220~250	250~290	2号（65~71）	150~170	170~200	缓

由于不同品种皮毛价格每年都有波动，因此，在经济学角度上讲，多品种养殖比单一品种养殖在利润上更有保证。可以快速转换饲养品种对于貂场经营是一个很好的优点。当决定饲养的品种的时候，以上所有因素都要考虑到。其他因素，包括市场情况的变动，同样也会对长期运营造成影响。总之，品种的选择是十分谨慎的，但也是至关重要的。

（三）引入种貂

在发达的北欧养貂国家，如挪威和丹麦等，貂场之间种貂的交易和交换经常发生，一般是为了给貂场"输入新鲜血液"即新的遗传基因，来避免近亲交配的发生。此外，一般认为外源种貂的引入会改善本貂场的品种，从而提高产出。

如果购买种貂的目的仅仅是避免近亲繁殖，那么从常见的貂场规模来看，仅需进行少量购买，因为大多数貂场种貂存栏数足够大，只要进行细心规划，认真进行谱系记录，几乎可以避免近亲繁殖的发生。

如果购买种貂的目的只是为了优良的遗传基因，那么在计算购买开支时，同时需要考虑的就是自己的貂场环境是否与出售种貂的貂场一致。如果不同，结果同样会不同，但是好是坏，取决于进行采购的貂场一方的环境。总的说来，要尽量保证一个好的貂场环境来保证优质基因发挥作用。

1. 引种时的一些基本策略：

（1）引种的适宜时间：引种最适宜的时间是秋分时节，此时的幼貂已生长发育至接近成年大小，正处于秋季换毛的明显时期，毛皮品质的优劣已初见分晓，加之此时气候已比较凉爽，有利于运输的安全。如种貂优良而种源紧缺，也可以在幼貂分窝以后抢先引种，此时可引进当年出生较早的幼貂，但对其成年后的毛皮品质不便观察。

（2）种貂的挑选：种貂的挑选是引种最关键的问题。挑选种貂一定要严格按各类型貂引种要求严格进行，原则上引进当年幼貂，在不知情的情况下，不要贸然引老种貂。

（3）挑选种貂的集中观察：最好让种貂原主人把挑选出来的种貂集中饲养，引种者要留心观察种貂的采食情况，剔出食欲不佳和错选的品质不良者。

（4）种貂的编号及记录其系谱档案：种貂启运前要编好顺序号，并记录各个体的系谱资料。

2. 水貂引种前需要做的准备：

（1）引种要有明确的目的：一般引种是改良提高本场貂群品质或增强本场良种优势，有时也为改善本场种群血缘而引种。应根据引种目的和需要确定拟引进的种类、性别及数量。

（2）调研、考察并确定引种场家：引种时应事先考察引种场家，选择有种貂经营许可证、种貂合格证和种貂系谱、饲养管理规范、种貂品质优良和卫生防疫条件好、信誉高的大中型场家引种。正流行或刚流行过疫病的场家，不能前去引种。对引种场家情况不明时，应多考察一些场家，做到货比三家，从优选择。

（3）做好引种准备工作：确定挑选种貂的技术人员，做好运输用品、运输方式等准备工作。

3. 对于种貂性状观察的要点：引种时要对种貂的各项性状做好观察，以下为种貂引入时对其性状的基本观察方法。

（1）体型和体质：种貂体型是个体生长发育情况的具体标志，一般种公貂应优选体形修长的大体型者，而母貂宜优选体形修长的中等体型者，过大体型的母貂并不适宜留种。体质应视种类不同而相应选择，如美国本黑水貂、蓝宝石水貂等体质紧凑，宜选体质紧凑略疏松者留种，而银蓝色水貂、铁灰色水貂等体质疏松，因此应选体质疏松、皮肤松弛者留种。

（2）毛绒品质：这是种貂选种的最重要性状，不论哪种类型均要求具有该类型的毛色和毛质的优良特征。毛色要求纯正无杂色毛；毛质要求绒毛丰厚、针毛灵活，分布均匀，且针、绒毛长度比较适宜；被毛光泽性强；无弯曲、钩针等瑕疵。

（3）出生日期：仔貂出生日期与其翌年性成熟早晚直接相关，因此宜优选出生并换毛早的个体留种。

（4）外生殖器官：外生殖器官形态异常者（如大小异常、位置异常、方向异常等）不宜留种。

（5）食欲和健康：食欲是健康的重要标志，优选食欲强的健康个体留种，患过病尤其患过生殖系统疾病的个体不宜留种。

不宜缺乏计划性短时期频频更换引种或盲目跟风"炒种"。由于频频更换引种，并不利于种群的定向更新和选育。

4. 水貂种貂的运输：种貂的运输是引种的必备步骤，如果方式方法不当会造成不必要的损失。以下为运输中的一些注意事项。

（1）办理检疫手续：种貂运输前一定要根据《中华人民共和国动物防疫法》第三十条规定，由动物防疫监督机构按照国家标准和国务院畜牧兽医行政管理部门的行业标准、检疫管理办法和检疫对象，依法对种貂进行检疫。办理好种貂检疫和车消毒手续，办好检疫证明，以备在运输中使用。

（2）种貂运输前最好喂给种貂常规数量的食物，但不宜喂得太饱，运输时间不超过 3 日，也可不喂食，但要保证种貂饮水。

（3）单笼运输种貂：将种貂装在特制的运输笼中，单笼运输，小貂可以两只一笼或多只一笼运输。运输笼具 5 只种貂一组，规格不小于 120 厘米 × 50 厘米 × 25 厘米，笼间设隔板，内置水盒，铁皮托底。装笼时要存笼并做好顺序标记，以防运输后系谱错乱。

（4）种貂装笼，车启运后应不停留运输。种貂运输不宜装在密闭的车厢内，种貂笼的上方应加盖苫布防雨防晒。

（5）途中少量喂食喂水。运输时间如果在 3 日内，途中可不喂食，但要少量提供饮水，运输时间超过 3 日时，应及时供水和少量喂食。喂水时少给勤添勿湿毛绒以防种貂感冒。

一般情况下，饲喂 1 000 只种母貂，需配备 380 只种公貂，公母以组计算的比例是 1 公 +3 母为一组。如果能保证饲养管理技术，种公貂质量优异，也可以 1 公 +4 母为一组。一组种貂的成本价按现行公貂一只 360 ~ 380 元、母貂一只 220 元计算，一组貂的价钱至少需要 1 000 元，一般的农户饲养是几十组，以 1 000 组计算，第一年貂种费用则需 35 万元，不要指望第一年收入与正常运营的收入相同，因为这时貂场的种貂较为年轻，繁育结果只能是正常运营时的一半。

（四）大中小型养貂场选种

1. 小型貂场的品种选择：小型貂场相对于中大型貂场，品种选择较为灵活，在对国际国内市场行情有充分了解的前提下，可以尝试选择单一品种进行养殖。

2. 中型和大型貂场的品种选择：中大型貂场的品种一般不建议单一养殖，可以参考专业人士的意见，几个品种同时进行，来规避市场中存在的风险。

第二章 熟悉水貂小习惯

水貂属于哺乳纲、食肉目、鼬科、鼬鼠，是一种小型珍贵毛皮动物。我国的水貂品种全部引自国外，水貂在高纬度地区生活比较适宜，因为这与其固有的生活条件比较相似。一般在高纬度地区，水貂被毛质量也较好，光泽度也较高。水貂在我国东北和华北地区生活最适宜，其次是华中地区，而在华南和华东等地区，由于纬度较低，气温也高，对于饲养水貂比较不利，在这一地区养殖的水貂产的毛皮质量也相对较差。

水貂的形态和黄鼬相似。水貂身体细长，为圆筒状，四肢短，前后趾基间均有微蹼，后肢较明显，头粗短且小，耳壳小，尾短且细长，尾毛长，肛门两侧有一对肛门骚腺。野生水貂毛被多呈褐色且颜色较浅，人工饲养的水貂经过人工培育，在长期选择的情况下，被毛颜色较野生水貂毛色深，多为黑褐色，即标准色水貂。经人工培育，还培育出多种颜色的水貂品种，如白色、咖啡、米黄、银蓝等几十种颜色的水貂，彩色水貂由于其颜色多且鲜艳深受人们喜爱，所以具有较高经济价值。

一般成年公貂体重 1.8 ~ 2.5 千克，体长 40 ~ 45 厘米，尾长 18 ~ 22 厘米；成年母貂体重 0.8 ~ 1.3 千克，体长 34 ~ 38 厘米，尾长 15 ~ 17 厘米。

一、水貂的捕食习惯

水貂属半水栖动物，野生状态下主要栖居在河旁、湖畔和溪边等邻近水源的地方，利用天然的洞穴营巢，巢洞长超过 1.5

米，巢内铺有鸟兽的羽毛和干草等，通常在有草木遮掩的岸边或水下设出洞口。水貂主要捕食小型啮齿类、鸟类、爬行类、两栖类、鱼类等动物，如野兔、鼠、鸟、蛇、蛙、鱼、鸟蛋及一些昆虫等，有时也以一些鸟类的卵作为食物。其食物随季节变化而变化：冬、春两季多以鱼、鼠及其他哺乳类小动物为主，夏、秋季多以鱼、蛙、蛇及昆虫为主，在繁殖期则会适当采食部分植物的种子、嫩芽等以补充所需维生素，水貂还有贮藏食物的习性，在其巢穴中发现过有其喜好的食物，食物残渣则通常被扔于洞口处。

水貂野性非常强，性情十分凶猛，攻击性也较强，一般情况下水貂咬住猎物就不会松口，而且其捕杀猎物的数量远远超过它本身的食量，只有在配种季节才容易被猎人捕获。即使在人工饲养条件下其野性依然很强，所以抓水貂的时候一定要戴棉手套，以防被咬伤。水貂多在夜间活动，属于昼伏夜出型动物，一般在日落后到日出前进行活动，水貂猎取食物常以偷袭的方式猎取。有研究表明，水貂的视觉较差，而听觉较好，可能就是因为此种原因导致了水貂昼伏夜出的特性。本身敌害较少，只有少数猛禽猛兽为其敌害，例如，狐、水獭、猫头鹰等。水貂防御敌害的能力较弱，多是凭借其小而灵巧的身体在树丛中的空隙间穿梭，来躲避敌害，有时也射出具有恶臭的液体以逃避敌害。

人工饲养水貂均是在笼舍中饲养，由于有笼舍的限制，水貂的生活方式等和其在野生条件下的存在着较大差别。人工饲养的水貂，通常在食槽内或攀爬到笼舍的顶部取食；饮水时，通常在水槽中舔食饮水。因野生水貂有在夜间捕食的习性，所以在人工饲养过程中，应保证夜间食物和饮水的供给充足，从而保证水貂的正常生长发育（图2-1）。

从经济利益方面考虑，人工饲养能合理利用饲料资源，减少饲料浪费，提高生产性能。目前，水貂饲养主要有两种方式，即

图 2-1　正在啃咬笼舍的水貂

一笼养一只水貂和一笼养多只水貂。在人工饲养条件下，可以喂饲水貂的饲料品种很多，但是其食物以动物性饲料为主、植物性饲料为辅，其食物主要包括新鲜的鱼类、肉类、蛋类、谷物、蔬菜等（图 2-2）。这主要是由于水貂的消化道较短，饲料通过消化道的时间短速度快，这种消化方式不适宜消化高纤维的饲料，这种特殊的生理结构导致了水貂只能以高蛋白高脂肪的饲料为主要食物来源，所以水貂日粮中动物性饲料一般占 60% 以上。还有一个原因就是水貂的消化腺粉笔的蛋白酶和脂肪酶，对动物性蛋白质和脂肪的消化能力很强。水貂消化腺内分泌的淀粉酶相对较少，对植物性的饲料的消化力很低，研究表明，日粮中植物性饲料一般不应超过 15%。对于高纤维的饲料，如若要喂饲水貂的话，通常要煮熟后饲喂，并且喂饲量不能太高。

水貂还有一个特性，就是不能自身合成维生素，这需要人工添加维生素在水貂的饲料中，以保证水貂的营养需求。目前，在国内还没有一个成熟的水貂营养需求种类和数量的标准文件，在人工饲养水貂时，大多数养殖场是根据实践经验配制水貂饲料，没有科学的依据作为参考。所以，在饲养水貂过程中，饲养员需要根据水貂在不同时期的生长状况和营养需要，以及参照一定的科学理论数据进行合理调整、喂饲。也要根据养殖场所在地区的饲料条件等因地制宜，根据养殖场的自身条件合理配制饲料，有效利用自身的有利条件规避不利条件，使得既能满足水貂正常生长发育的营养需求，又能达到经济利益的最大化。

图 2 - 2　正在采食的水貂

二、水貂的繁殖特征

（一）水貂具有季节性繁殖特征

在长期自然选择情况下，水貂在遗传上具有了明显的季节性繁殖的特点，这种季节性变化规律主要表现在呈光周期的季节性变化。并与高纬度地区的光周期变化形成了一个稳定的联系体系。其生长发育规律，繁殖、换毛等特点都与其构成了稳定的联系。而水貂对于光周期的敏感性也体现在水貂的换毛和繁殖上，水貂换毛和繁殖的早晚和快慢都与第二年的繁殖息息相关。因此，对于此时期的时间记录有利于第二年更好的进行配种工作。

水貂是季节性繁殖的动物，每年繁殖 1 次。在自然光周期照射下，水貂的生殖器官随着季节变化呈现周期性的变化。每年的 4～9 月，公貂的睾丸缩小，坚硬无弹性，阴囊皮肤收缩，此时的公貂没有任何性欲，处于静止期；秋分至 11 月下旬，睾丸开始发育，至次年 2 月下旬，公貂的睾丸迅速发育，重量达 2～2.5 克，附睾中有大量的精子形成，睾丸也大量分泌雄性激素；3 月上中旬是公貂的性欲旺盛期，出现明显的发情表现，进入配种期；3 月下旬水貂获得长日照信号刺激后，配种能力减退，睾丸逐渐退化缩小，4 月水貂进入静止期。母貂的生殖器官随季节变化而呈现周期性变化，与公貂的生殖器官随季节变化而呈现周期性变化基本同步，主要表现为卵巢的体积、阴门形态、输卵管和阴道上皮的变化。水貂在每年的 4～5 月产仔，一般每胎产仔 5～6 只，各地产仔时间因气候不同稍有差异。生后 9～10 月龄达到性成熟，水貂寿命为 12～15 年，2～10 年内有生殖能力。在人工饲养条件下，种貂一般只利用 3～5 年。

（二）水貂具有刺激性排卵和多次排卵习性

水貂是刺激性排卵动物。母貂排卵必须经过交配刺激或类似交配的刺激。通过类似交配刺激的方法促使水貂排卵比较困难，目前人工饲养的水貂配种主要以自然交配为主。80% 的母貂是在交配后的 36～37 小时排卵，受配的母貂排卵后出现 5～6 天的排卵不应期。在排卵不应期，无论对母貂应用交配刺激还是类似交配的激素等刺激，都不能使发情的母貂排卵。因此，水貂的交配如果发生在排卵不应期，即使成功达成交配，母貂仍然会空怀。

（三）水貂具有多周期发情和异期受孕习性

水貂在一个配种期有多个发情周期，通常可出现 2~4 个发情周期，少数母貂出现 2 个或 5~6 个发情周期。受孕母貂仍能发情、接受交配并再次受孕，即水貂具有异期复孕的特点。每个发情周期为 7~9 天，其中，持续期为 1~3 天。

（四）水貂具有胚泡延迟附植习性

水貂在交配后 60 小时、排卵后 12 小时内完成受精过程，到交配后第 8 天，受精卵发育成胚泡，进入一个相对静止的发育过程（滞育期或潜伏期），通常持续 1~46 天。当体内孕酮水平开始增加 5~10 天后，胚泡才附植于子宫内，进入胎儿发育期。

三、水貂的休息规律

人工饲养的水貂，休息时，水貂喜欢单独躺卧在笼舍内，眼睛睁开、半睁开或短时间闭合后睁开，其休息时喜欢选择笼舍内能被阳光照射到的区域休息。如果是两只水貂在一个笼舍内饲养时，它们则会相互依偎或上下聚集在一起休息，有时也会用前爪抓挠或用舌头舔舐对方被毛，偶尔也两只互相追逐、咬斗、嬉戏玩耍。水貂休息时，还常用爪搔或舌头舔自己的被毛或身体的某一特定位置，这与猫有一定的相似之处。水貂睡着的时候，也是单独躺卧或将头部埋于胸前，眼睛较长时间闭合。

水貂在妊娠期时，行为变得非常安静，经常仰卧在笼舍内晒太阳，喜欢独自安静，对于吵闹的动静表现的非常厌烦（图 2-3）。

图 2 - 3　正在休息的水貂

四、水貂的运动特点

野生状态下的水貂，活动十分敏捷，奔跑和游泳速度也十分快，水貂尾长主要是用来控制跑时的运动方向。水貂还能潜水，喜欢潜到水下捕食或玩耍，但是水貂不能长时间潜在水中。水貂在冬天寒冷时候，通常会在未结冰或有冰洞的水域休息活动。

人工饲养的水貂，主要生活在笼舍内，所以，其活动受到了很大程度的限制。通常其在笼舍内时而较慢走动；时而又快速移动或跳窜；时而后肢接地前肢悬空或攀爬笼网；时而在笼舍内打滚；时而又在笼舍内跑动嬉戏，拍打水槽或其他物体玩耍。仔貂在生长发育时期，比较好动，运动的频率较其他时期高。在夏季，依然会经常看到水貂用前爪拍打饮水槽，嬉戏玩耍，所以，在夏季炎热的时候，一定要时刻观察饮水槽中是否水源充足，不足时要及时补充，以保证水貂饮水。

　　水貂本身是好动的动物，除了休息的时候，基本都是在运动中，可是人工饲养水貂笼舍太小，这使得水貂不能伸展运动。在大连有的养殖户，为了让水貂有空间运动，特意借鉴丹麦笼舍，将笼舍扩大一倍，并设计成上下两层，这样水貂就可以上下来回运动，也满足了水貂好动的天性。这样住的宽敞，并有较大空间进行，对于水貂的生长发育和繁殖必定能起到较大的促进作用。

　　水貂比较警戒，对新奇事物比较好奇，但起初只会用鼻嗅闻，在巢穴口窥探观察，并与其保持一定的距离，然后逐渐靠近用前爪试探。水貂若察觉对其构成威胁，则会咧嘴露出牙齿以表示警告。

第三章　水貂每天吃什么

一、水貂常用动物性饲料及饲喂方法

水貂常用动物性饲料主要包括水产品和肉类及其副产品、干动物性饲料、乳及蛋类饲料等。

（一）水产品类饲料

水产品饲料是水貂动物性蛋白质的主要来源之一。我国沿海地区、内陆江河流域和湖泊水库，每年出产大量的小杂鱼，除河豚鱼等毒鱼外，绝大部分的海鱼和淡水鱼均可作为水貂的饲料。一般海杂鱼的可消化蛋白质 10 ~ 15 克/100 克。实践证明，只要搭配和利用合理，单一用鱼类作为动物性饲料也可把水貂养好。常用的海杂鱼主要包括：比目鱼、小黄花鱼、黄姑鱼、红娘鱼、银鱼（面条鱼）、真鲷。

新鲜的海杂鱼（图 3 - 1）最好生喂，水貂对其蛋白质的消化率高达 87% ~ 92%，容易吸收，适口性好。轻度腐败变质的海杂鱼，在非繁殖期需要蒸煮消毒后熟喂，但消化率约降低 5%。严重腐败变质的鱼不能用来喂水貂，以免中毒。

大多数淡水鱼（特别是鲤科鱼类）含有硫胺素酶，对维生素 B_1 有破坏作用。生喂这些鱼，常引起维生素 B_1 缺乏症。所以，用淡水鱼养貂，应经过蒸煮处理后熟喂，高温可以消除硫胺素酶的破坏作用。

鱼类饲料含有大量的不饱和脂肪酸，在运输、贮存和加工过

图 3 - 1　海杂鱼（刘汇涛摄）

程中，极易氧化变质，变成酸败的脂肪。温度增高使脂肪氧化酸败的很快。酸败的脂肪对水貂有毒害作用，并可破坏饲料中的维生素等营养物质。因此，质量好的鱼，捕捞后应立即放在 0 ~ 5℃ 的条件下运输，然后在 - 20℃ 以下的冷库中速冻，再放在 - 18℃ 左右的条件下贮存。经该法处理，含脂肪低的鱼可贮存 1 年，含脂肪高的鱼可贮存半年。鱼类贮存时间越长，脂肪酸败越严重。这样的饲料如果喂给妊娠的水貂，能引起母貂死胎、烂胎和胚胎被大量吸收。如果喂给 2 ~ 4 月龄的幼貂，将发生黄脂肪病。

（二）肉类饲料

肉类饲料是水貂的全价蛋白质饲料，它含有水貂机体需要的全部必需氨基酸，同时，还含有脂肪、维生素和无机盐等营养成分。

牛、羊、马、驴、骡、兔、野生动物和禽的肌肉以及畜禽屠宰加工厂废弃的碎肉等，均是水貂理想的动物性饲料。生喂新鲜而健康的动物肉，其消化率高（生马肉为91.3%），适口性强。

肉类饲料成本高，来源有限，应合理搭配使用。在母貂妊娠期、哺乳期、幼貂生长发育期可适当增加肉类比例，以弥补其他饲料中某些必需氨基酸的不足。日粮中动物性饲料的搭配比例是：肉类占10%～20%，肉类副产品占20%～30%，鱼类占40%～50%。

在水貂繁殖期，严禁利用己烯雌酚（雌激素）处理过的畜禽肉，否则，这种雌激素将造成母貂生殖机能紊乱，使受胎率和产仔数明显降低，严重时虽全群受配，但不孕。

（三）鱼、肉副产品饲料

鱼、肉副产品饲料也是水貂动物性蛋白质来源的一部分，除了肝脏、肾脏、心脏外，大多数副产品的消化率和生物学价值较低，其原因是无机盐和结缔组织含量高，或某几种必需氨基酸的含量过低或比例不当。新鲜海鱼头、鱼骨架可生喂，繁殖期只能占日粮中动物性蛋白质的20%左右，幼貂生长期和冬毛生长期可增加到40%，但应与质量好的海杂鱼和肉类搭配，否则，易造成不良的生产效果。新鲜程度较差韵鱼类副产品应该熟喂。另外，内脏保鲜困难，熟喂比较安全。肉类副产品包括头、蹄、骨架、内脏和血液等，在养貂生产中已广泛应用。肉类副产品在水貂日粮动物性饲料中占40%～50%，其余的50%～60%配以小杂鱼、肌肉和其他动物性饲料，这样的日粮对幼貂的生长、毛皮质量和种貂繁殖性能具有良好的效果。

1. 肝脏：是全价的蛋白质饲料，具有很高的营养价值，除含有全部必需氨基酸外，还含有多种维生素（A，D，E，B_1，B_2等）和微量元素（铁、铜、钴等）。在水貂的繁殖期（妊娠期和哺乳期），日粮中新鲜的肝脏占5%～10%（每只水貂日喂15～30克）时，能显著地提高适口性和日粮营养价值。新鲜肝脏（摘除胆囊）可生喂，来源不明或品质较差的肝脏应熟喂。肝脏的喂量过大会引起腹泻，最多每只每天不要超过50克。

2. 心脏和肾脏：蛋白质和维生素的含量都十分丰富，适口性好，消化率高。由于来源有限，所以多在繁殖期喂给。新鲜心脏和肾脏应生喂。

3. 胃：由于蛋白质不全价、生物学价值较低，因此，必须与肉类或鱼类饲料搭配，才能获得良好的生产效果。在繁殖期，各种动物的胃可占日粮动物性饲料的20%～30%，幼貂生长发育期占30%～40%。如果比例过大，或其他肉类和鱼类饲料的比例过低，对繁殖或生长发育将产生不良影响。新鲜的牛、羊胃可以生喂，猪、兔胃必须熟喂。

4. 肺、肠、脾：营养价值不高，蛋白质也不全价，结缔组织多，消化率低，而且常带病原菌和寄生虫，必须煮熟饲喂，并与鱼、肉类饲料搭配。在繁殖期，肺、肠、脾用量占日粮中动物性饲料的15%，育成期占15%～30%，用量过多会引起消化不良或呕吐。

5. 子宫、胎盘和胎儿：可喂幼貂，不应喂繁殖期的母貂（因含有某些种类的激素），以免造成生殖机能紊乱。

6. 食道、喉头和气管：食道又叫红肠，营养价值高，是全价的蛋白质饲料，与肌肉无明显的区别。在水貂妊娠、哺乳期生喂，用量占动物性饲料的30%左右，能提高母貂食欲和泌乳能力，仔貂发育健壮。喉头和气管是较好的蛋白质饲料，在幼貂生长发育期，以20%～25%的比例与鱼、肉类饲料搭配使用。喉头和气管应该熟喂，利用前必须摘除附着的甲状腺和甲状旁腺。

7. 兔头、兔骨架：营养价值较高，钙磷含量丰富，是水貂繁殖期及幼貂生长期的优良鲜碎骨饲料。繁殖期用量可占日粮中动物性饲料的 15% ～25%。幼貂育成期占 30%～50%。蒸熟软化后绞碎饲喂。

8. 脑：含有丰富的脑磷脂和各种必需的氨基酸，对水貂生殖器官发育有良好的促进作用。一般在配种准备期少量使用，每只种貂每天 3～5 克。

9. 血：含有丰富的含硫氨基酸和无机盐，有利于冬毛生长和提高毛皮质量。新鲜健康的动物血（采血 5 小时以内）可以生喂，但猪血、兔血以及血粉容易带致病的细菌，必须经过高温处理后熟喂。繁殖期用量占日粮中动物性饲料的 10%～15%，育成期和冬毛期可占 20%。血也有轻泻作用，喂量多了会引起下痢。

10. 家禽下杂（图 3 - 2，图 3 - 3）：鸡、鸭、鹅的头骨架以及爪、翅等都可以用来喂貂。禽骨架和爪不易消化，应熟制后绞碎喂，一般用量不超过日粮中动物性饲料的 20%～30%。在水貂育成期和冬毛生长期，鸡下杂和鸡内脏可多利用些，应占动物性饲料的 60%～70%（头 30%、内脏 20%、爪 10%）；鱼或肉20%～30%；肝脏 10%。

（四）动物性干饲料

常用的动物性干饲料有鱼粉、干鱼、肝渣粉、血粉、蚕蛹干和羽毛粉。

1. 鱼粉：含蛋白质 40%～60%，盐 2.5%～4%。用新鲜的优质鱼粉喂貂，在日粮中占动物性蛋白质的 20%～25% 时，幼貂采食、消化及生长发育均较正常。在非繁殖期的日粮中，鱼粉可占动物性蛋白质的 40%～45%，其余由牛羊内脏、鱼类等饲料搭配。鱼粉含盐量高，使用前必须用清水彻底浸泡，浸泡期间换水 2～3 次。虽然目前的分析方法不能精确的评价鱼粉是否适合饲喂水貂，但经验表明，当鱼粉满足以下条件时就适合饲喂水

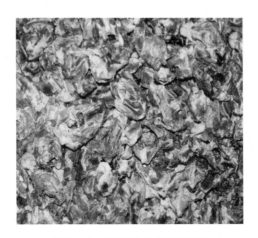

图 3-2 鸡骨架（刘汇涛摄）

图 3-3 鸡杂（刘汇涛摄）

貂：粗蛋白≥73%，粗脂肪≤10%，水分6%～8%，灰分≤13%，挥发性碱性总氮120毫克/100克鱼粉，游离脂肪酸占粗脂肪的10%左右。

2. 干鱼：用干鱼养貂，关键在于干鱼的质量。优质干鱼可占日粮中动物性饲料的 70% ~ 75%，但不能完全用于鱼代替。因为鲜鱼在晒制过程中，某些必需氨基酸、必需脂肪酸和维生素遭到破坏。所以，在水貂繁殖期使用干鱼，必须搭配全价蛋白质饲料（鲜肉、蛋或奶、猪肝等），搭配量应不低于日粮中动物性饲料的 25% ~ 30%。在幼貂育成期和冬毛生长期饲喂干鱼，必须添加植物油，以弥补干鱼脂肪的不足。

3. 血粉：质量好的血粉可用作水貂饲料。在幼貂育成期和冬毛生长期，日粮中血粉占动物性饲料的 20% ~ 25%，并与海杂鱼、肉类副产品或兔头、兔骨架搭配，对水貂的生长发育、毛皮质量都无不良影响；但当其含量提高到 30% ~ 40% 时，会发生消化不良。饲喂血粉时喂量应逐渐增多，并经过煮沸处理后方可使用。

4. 肝渣粉：是肝脏提取药物后的残渣，可作为蛋白质饲料。繁殖期可占动物性饲料的 8% ~ 10%，幼貂育成期和冬毛生长期可占 20% ~ 25%。如喂量过多，易发生腹泻。使用前先用水浸泡（夏季 5 ~ 6 小时，冬季 12 ~ 15 小时），然后再煮沸处理，与海杂鱼、肉类副产品等搭配。

5. 蚕蛹干或蚕蛹粉：蚕蛹含有丰富的蛋白质和脂肪，营养价值很高，但同时也含有水貂不能消化的甲壳质，又缺乏无机盐和维生素，所以用量不宜过多。在繁殖期可占日粮中动物性饲料的 20%，育成期和冬毛生长期占 20% ~ 40%。使用前要彻底浸泡，除掉残存的碱类，经过蒸煮加工，然后与鱼、肉类饲料一起通过搅拌机粉碎，或先把蚕蛹粉碎后掺在谷物饲料中蒸熟。用蚕蛹喂貂应增加含维生素的青绿蔬菜，如能增加乳类和酵母，效果则更好。

6. 羽毛粉：是经高温和酸化处理后制成的。羽毛粉含有丰富的蛋白质，含硫氨基酸特别丰富，对水貂的生长有良好作用。

但羽毛粉含有大量的角质蛋白，不易消化吸收，通常是混入谷物饲料中熟制。冬毛脱换前，于 8~9 月开始，在日粮中加喂 2~3 克羽毛粉，连续喂 3 个月，不仅对冬毛生长有利，同时可预防自咬症和食毛症的发生。

（五）乳品和蛋类

1. 乳品：是全价蛋白质的来源，但其成本太高，人们一般多在水貂繁殖期和幼貂生长期使用。如果常年每只水貂每天喂给 15~20 毫升鲜奶最好。妊娠期一般每天可喂鲜奶 30~40 毫升，多者不超过 50~60 毫升，否则有轻泻作用。哺乳期保证鲜乳的供给，特别是产仔 10 天以后，对维持母貂较高的泌乳量有良好的效果。刚断乳的幼貂，日粮中利用 15% 的鲜乳，对其生长发育十分有利。特别是利用动物性干饲料的貂场，应用鲜乳的量可逐渐增加，对幼貂的生长发育作用更为明显。鲜乳是细菌生长的良好环境，极易腐败变质，特别是夏季挤乳后不及时消毒，放置 4~5 小时就会酸败。

2. 蛋类：鸡、鸭、鹅蛋是生物学价值很高的全价蛋白质饲料，同时含有营养价值很高的卵磷脂、各种维生素和无机盐。准备配种期的公貂每天每只用量 10~20 克，可提高精液品质。妊娠母貂和产仔母貂日粮中供给鲜蛋 20~25 克，不仅对胚胎发育和提高仔貂的生活力有利，还能促进乳汁分泌。蛋类必须熟喂，否则生蛋中所含有的卵白素会破坏饲料中的维生素 H（生物素），使水貂发生皮肤炎、毛绒脱落等疾病。孵化的废弃品（石蛋或毛蛋）也可以喂貂，但必须及时蒸煮消毒，保证质量新鲜，腐败变质的不能利用。其喂量与鲜蛋大体上一致。

二、水貂常用植物性饲料及饲喂方法

（一）谷物饲料

谷物饲料是水貂日粮中碳水化合物的主要来源，常用的有玉米、高粱、小麦、大麦、大豆等。谷物饲料一般占水貂日粮总量的10%～15%（指熟制品）。水貂对生谷物的消化率较低，所以，必须膨化或者熟制膨化。谷物含水达15%以上时，容易发霉变质。变质的谷物严禁喂给水貂。

（二）植物饼粕类饲料

大豆饼、亚麻饼、向日葵饼和花生饼含有丰富的蛋白质，但水貂对植物性蛋白消化率低，因此，在水貂日粮中利用不多。饼粕应蒸煮后熟喂，生喂不易消化。饲喂量不宜超过谷物饲料的20%，否则会引起消化不良和下痢。

（三）植物蛋白类饲料

1. 大豆蛋白：大豆蛋白已经在一些试验中使用，结果表明，豆粕可以替代一小部分蛋白。但有些实验也表明饲喂大豆蛋白的水貂毛皮表现出一些不良特性。大豆粉经过特殊处理后，一些糖水化合物就会被抽提出来，随之产生的大豆浓缩物或分离物会更适合做水貂饲料。

2. 玉米蛋白：玉米蛋白是部分存在于玉米淀粉中的蛋白。玉米蛋白中含有较高量的含硫氨基酸，实验证明当玉米蛋白的添加量相当于20%的蛋白量时，有提高毛皮质量的作用。

3. 土豆浓缩蛋白：土豆浓缩蛋白即土豆淀粉被抽提后剩下的蛋白部分，它容易被消化吸收，不影响味觉，且含有一种优质的氨基酸复合物，它是一种新兴的、优质的水貂饲料。在水貂生长阶段我们可以在饲料中大量添加土豆蛋白（相当于总蛋白含量的40%）。

（四）果蔬类饲料

果蔬类饲料一般占日粮总量的10%～15%。常用的有白菜、甘蓝、油菜、胡萝卜、菠菜等。菠菜有轻泻作用，一般与白菜混合使用。未腐烂的次品水果也可代替蔬菜喂貂。早春缺乏蔬菜时，可采集蒲公英等野菜喂貂，可占日粮的3%～5%（味苦的不宜多喂）。夏秋季可适当利用瓜类和番茄类等，可占蔬菜的30%～50%。沿海地区可用海带、紫菜、裙带菜等喂貂。

三、水貂常用添加类饲料及饲喂方法

常用的添加饲料有无机盐、抗生素。

（一）无机盐

骨粉：是水貂的钙、磷添加饲料。以畜禽内脏为主的日粮，每天每只应补充骨粉2～4克；以鱼为主的日粮，加1～2克为宜。

食盐：是水貂所需钠、氯的来源，必须常年添加，每天每只用量为0.5～0.8克。食盐过多时会发生中毒。

（二）抗生素

在水貂饲养上常用的抗生素有粗制土霉素和四环素等。抗生素对抑制有害微生物和防止饲料腐败具有重要意义。目前，使用的饲用粗制土霉素（每千克含纯土霉素35～38克），主要在饲料不新鲜时投给，特别是夏季，能预防胃肠炎，提高饲料利用率，并促进幼貂的生长发育。在水貂妊娠、哺乳和幼貂生长期，如果饲料新鲜程度较差，可加入土霉素或四环素。成年貂每天每只 0.3～0.5 克，最高不超过 1 克（相当于纯土霉素 10～20 毫克）；断乳幼貂 0.2～0.3 克（相当于纯土霉素 9～10 毫克）。注意不应长期饲喂抗生素饲料，因为长期使用能使水貂产生抗药性。

四、水貂的营养需要及其配合饲料的配制和饲喂方法

（一）水貂的营养需要

营养物质是指日粮中能维持生命，保证水貂健康生长、繁殖和正常生产所需要的各种物质，而营养需要是指不同性别、年龄、体重、生理状态及生产水平条件下水貂对各种营养成分的需要量，主要包括 7 类：能量、蛋白质、脂肪、碳水化合物、矿物质、维生素和水。营养需要可分为维持需要和生产需要。所谓维持需要，即水貂为维持体温、呼吸、消化、循环、排泄等基本生命活动而消耗的营养需要。所谓生产需要，即保证水貂正常生产（如生长发育、毛皮、妊娠、泌乳、产仔等）的营养需要。在相同的生长阶段，水貂的营养需要是一定的，如果营养供给过剩，不仅会造成饲料浪费、成本增加和环境污染，还会给水貂身体造成不利影响；如果营养供给不足，就会造成水貂营养不良、各方面生产性能下降。因此，合理满足不同时期水貂的营养需要是饲料配制的关键。

水貂不同的生理时期，对营养和能量需要的特点如下。

维持期（12 月至翌年 2 月）。又称准备配种期，是种貂调整体况的时期。此时，水貂生理活性较低。营养需要量是全年最少

的时期，故应注意，日粮能量水平应适当降低，以防长得过于肥胖，影响 3 月的发情交配。

繁殖期（3~5 月）。此时期内，水貂除维持需要外，还有发情、交配、妊娠、产仔的营养需要。合成新细胞促进卵巢、睾丸活动，受精卵的发育，胚胎的发育和分娩哺乳等均需要营养，日粮除提高热能外，还应提高蛋白质水平以及供给足量维生素、矿物元素等。

哺乳期。雌貂除自身的营养需要外，还要泌乳供给仔貂迅速生长发育的需要。仔貂 20 日龄后的体重可达初生重的 10 倍以上，仔貂采食前生长发育所需要的热量、蛋白质、矿物质和维生素等均由母乳提供，母乳不足，会对仔貂的发育带来很大危害。

育成期。是幼龄貂生理活性上最剧烈的时期，是对热量、蛋白质需要最多的时期。仔貂一旦开始采食，生长发育极快，20 日龄一般体重 120~150 克。到 50~60 日龄，体重可达到 800克。此时期，水貂食欲旺盛，需要大量热能、蛋白质、维生素、矿物质，用以合成机体组织器官。饲养中必须予以充分注意。

毛皮生长期。9 月以后，幼貂机体增长逐渐变慢，并逐渐开始脱夏毛长冬毛。此期生长的冬毛决定商品的生产价值，故此时期供给符合要求的日粮是非常重要的。

下面分别介绍水貂对七大营养成分的需要。

1. 能量需要：能量是一切生命活动的动力，水貂对饲料基本的能量需要是满足机体的维持需要，以防止体组织的异化分解作用，而饲料提供的超出维持需要的那部分能量将用于不同形式的生产。幼龄水貂将主要在它新生的组织蛋白中贮存能量，成年水貂将在脂肪中贮存更多的能量，泌乳水貂将饲料能量转化成乳成分中的能量。水貂通过采食日粮来满足能量的需要，能量的浓度满足动物需要时，采食量将会减少，日粮能量浓度是采食量差异的一个主要影响因素，直接影响着养殖者的经济效益。

目前，参考的水貂能量营养需求标准主要有两个：NRC（1982）的毛皮动物饲养标准（表3-1）和 N. J. F（1985）的毛皮动物饲养标准（表3-2），前者是满足动物正常生长、繁殖、生产的最低需要量，不含安全系数；后者是实用标准考虑了饲料化学组成差异、不同品种遗传差异以及气候和畜舍对需要量的影响。

在营养学中，测定不同生产目的动物对能量的利用和饲料及日粮能值时一般采用代谢能（ME）。ME 又包括生长代谢能（贮存能、饲料热增耗）和维持代谢能（基础代谢、肌肉活动和体温调节）。其中代谢能（ME）可由饲料的可消化蛋白（DCP）、可消化脂肪（DEE）和可消化碳水化合物（DCAB）通过下面的公式估算而得来：ME（MJ/kg）= 18.8 DCP + 39.8 DEE + 17.6 DCAB。

表3-1　毛皮动物的表观消化率和代谢能水平

饲料名称	表观消化率（%）			代谢能（兆焦/千克）
	蛋白质	脂肪	碳水化合物	
全鱼：鳕鱼	90	92		16.74 ~ 21.97
鱼下脚料				
骨含量低，灰分3%	89	92		15.24
骨含量中，灰分5%	84	92		12.52
骨含量高，灰分3%	79	90		11.30
骨含量很高，灰分9%	72	88		9.42
牛下脚料				
瘤胃	85	73		22.00
软下脚料混合物，含脂10%	83	72		17.59
肝	92	85	85	18.40
猪下脚料				
喉	85	87		23.48

（续表）

饲料名称	表观消化率（%）			代谢能（兆焦/千克）
	蛋白质	脂肪	碳水化合物	
皮	92	94		27.25
背骨	55	94		15.35
油渣	90	85		18.76
鸡废弃物				
鸡下脚料混合物	76	85		20.31
整只产蛋鸡	60	85		18.76
蛋白质饲料（风干）				
鱼粉	82	88		16.11
肉骨粉，细心干制	75	75		11.40
肉骨粉，正常干制	65	75		10.43
肉骨粉，过热干制	55	75		9.45
羽毛粉，水解	60	89		12.25
豆粕	78	54	24	9.72
大豆蛋白浓缩物	85	54	14	12.15
土豆蛋白质	86		73	15.13
含碳水化合物多的饲料				
小麦	79	74	43	8.74
大麦	69	55	52	9.63
燕麦	72	90	47	10.01
土豆粉	70		75	12.20
含脂多的饲料				
大豆油		96		38.18
鱼油		94		37.39

表 3 - 2　水貂的日能量需求（兆焦/天）

周龄	公	母
7	0.724	0.527
9	1.284	0.967
11	1.648	1.188
13	1.862	1.351
15	1.820	1.209
17	1.837	1.142
19	1.845	1.088
21	1.824	1.113
23	1.619	1.088
25	1.406	0.967
27	1.351	0.879
29	1.188	0.824
31	1.163	0.820

　　目前，关于水貂对能量需要的研究较少，而且研究结果差异较大。水貂每千克体重每日需要的维持能量约为 1 143 千焦（Hodson 和 Smith，1945）。1 只平均体重为 1 550 克的水貂，每日摄入干饲料 73 克，这相当于每千克干饲料含总能量 17 794 千焦。Pereldik 等（1972）总结了水貂在全年范围内每只每天每千克代谢体重维持需要能量是 840 千焦，妊娠期水貂能量需要的试验数据十分有限，北美的一些研究推荐每天每只水貂每千克代谢体重需要的代谢能为 966 千焦，泌乳期母貂能量推荐量是在哺乳期每只幼貂每天平均代谢能基础上以 10 天为一个期，每期逐渐增加量为 21、84、210、294 ~ 378 和 462 ~ 630 千焦，生长期断奶仔貂的所有能量需要必须要通过生长期日粮来提供，需要量会因快速生长而迅速增加，尤其是在开始几周。Wood 等（1965）

建议生长期水貂日粮总能为 22 260 千焦/千克，NRC（1982）推荐的生长期水貂日粮代谢能，公貂为 17 136 千焦/千克，母貂为 16 506 千焦/千克。国内（1990）根据饲养效果的数据和生产实践经验推荐的水貂日粮代谢能，生长前期为 16 800 千焦/千克，冬毛期为 16 380 千焦/千克。需要说明的是，如果喂给高能量饲料，则需相应提高蛋白质和其他营养物质水平。

2. 蛋白质和氨基酸需要：蛋白质是一切生命活动的基础，也是水貂体组织、毛、乳的重要组成成分。蛋白质对水貂的正常生长、繁殖和生产有着极其重要的作用，尤其在母貂的妊娠哺乳期和幼貂的育成期，体内进行着旺盛的蛋白质代谢，同化作用大于异化作用，因此，在日粮中必须给予充足的营养价值高的蛋白质饲料。由于蛋白质在水貂体内以动态平衡的方式储留，所以，蛋白质供给过量不仅造成浪费，提高饲养成本，也增加肝和肾的负担，产生不良后果。如果蛋白质供给不足，将给水貂生产带来极其严重的不良后果，具体表现在以下 4 个方面。

（1）使水貂机体的蛋白质代谢处于负平衡状态，体重下降、消瘦，生长停滞，甚至可以危及生命，造成死亡。

（2）长期蛋白质供给不足，可以破坏肝脏等组织器官合成酶的作用，影响血浆蛋白和血红蛋白的形成，使水貂各组织的蛋白质相应减少。血红蛋白的减少可导致贫血；球蛋白的减少，可影响水貂体内抗体的产生，从而降低水貂对疾病的抵抗力。

（3）仔幼貂生长发育、毛绒的季节性脱换都需要大量的蛋白质。因此，蛋白质供给不足，必然影响幼貂的生长发育及正常的绒毛脱换，使生长曲线下降，毛绒品质低劣。

（4）影响水貂的繁殖，使公貂精子生成受阻，品质下降；使母貂性周期紊乱、空怀。在妊娠期可使胎儿发育不良，甚至死胎、流产以及分娩后母貂缺奶，造成仔貂死亡。

一般在正常饲养条件下，每只水貂每天蛋白质 20～40 克，但可因不同的生理时期和不同地区而有差异。水貂对蛋白质的需要主要依赖于动物性饲料。在日粮中动物性蛋白质应占 80% ~ 90%，植物性蛋白占 10% ~ 26%（最多不能高于 35%）。在准备配种期、配种期、幼兽生长发育期，通常以肉类或海杂鱼为主的日粮，水貂每千克体重日需可消化蛋白质 20 ~ 50 克，妊娠期 25 ~ 30 克，毛绒生长期以鱼下杂、尾宰副产品为主时，需要蛋白质 30 克以上，静止期最低不能少于 17 克。水貂对蛋白质的质量也有特殊的要求，即需要一定数量的全价蛋白质，尤其在繁殖期和幼貂育成期更为重要。采取多种饲料混合搭配的方法可提高蛋白质的全价性。日粮中全价蛋白质比例越高，蛋白质的需要量也应适当降低，反之要增高。1 ~ 4 月，水貂从日粮中获得全价的肌肉不低于动物性饲料的 40%，每只供给蛋白质 27.1 克；当肌肉降到 30% 时，蛋白质应提高到 29.7；如果全部用肉类副产品和鱼类废弃品，蛋白质需要量则应达到 36.2 克。因此，采用多种饲料搭配，利用氨基酸的互补作用，提高日粮蛋白质的全价性，是降低水貂对蛋白质需要量的有效方法。

目前，有关水貂蛋白质需要量的数据不是很一致，这可能是受能量含量和蛋白质质量的影响导致的。各饲养时期日粮中蛋白质的含量和比例可参考美国水貂实际生产的标准（表 3 - 3）。由于水貂品种和饲养环境的差异，养殖户在实际操作过程中应该灵活调整。

表 3 - 3 美国水貂各饲养时期日粮营养含量及比例（干物质基础 %）

营养物质	繁殖期	哺乳期	幼貂育成期	冬毛生长期
蛋白质	40 ~ 42	40 ~ 42	36 ~ 38	36 ~ 38
脂肪	18 ~ 22	24 ~ 28	26 ~ 30	20 ~ 22
碳水化合物	28 ~ 33	22 ~ 27	27 ~ 32	33 ~ 38
灰分	7 ~ 8	7 ~ 8	6 ~ 7	6 ~ 7

　　饲料中蛋白质进入动物消化道首先被分解成氨基酸，进而被吸收，合成水貂自身特有的蛋白质和其他活性物质（如激素、酶、嘌呤等），以满足其不断更新、生长发育和生产的需要。因此，蛋白质品质高低，关键取决于组成蛋白质的氨基酸种类和数量。当水貂所需的各种氨基酸，尤其是必需氨基酸的种类齐全、比例适宜，即日粮中的氨基酸达到平衡时，蛋白质才能发挥最大的效果，使水貂保持最大的生产性能，同时也避免了蛋白质资源的浪费。如果氨基酸不平衡，即使蛋白质满足需要，也不能使水滴发挥较好的生产性能。水貂的必需氨基酸包括蛋氨酸、赖氨酸、精氨酸、组氨酸、亮氨酸、异亮氨酸、苏氨酸、缬氨酸、甘氨酸、色氨酸和苯丙氨酸等。其中，蛋氨酸又名甲硫氨基酸，为含硫氨基酸，是产毛家畜的第一限制性氨基酸，赖氨酸是第二限制性氨基酸，这两种氨基酸对水貂的营养作用十分重要，其含量适当的提高，则其他氨基酸的利用率也会提高。但是，必须注意氨基酸之间存在的相互拮抗作用，比如，日粮中赖氨酸的含量过高时，会导致大量的精氨酸从尿中排出，从而引起水貂精氨酸缺乏。因此，水貂日粮中添加适量的蛋氨酸和赖氨酸，并注意多种饲料搭配，使氨基酸达到互补平衡，这样可以明显提高蛋白质的利用率、促进水貂生长，并改善其产品品质。

　　因此，适宜的日粮蛋白质和氨基酸水平是保证动物健康生长发育和正常生产性能的关键。含硫氨基酸在水貂饲养中起到十分重要的作用，因为水貂的生长发育需要大量的含硫氨基酸。而且补充添加含相关氨基酸可以先住改善饲料的转化率，比如，向以屠宰下脚料为基础组成的日粮中添加0.2%的DL-蛋氨酸和L-盐酸赖氨酸后，分别使雄性水貂和雌性水貂的饲料转化率提高18.2%和28.3%。水貂饲料中主要氨基酸推荐添加量见表3-4。

表 3 - 4   水貂饲料中几种氨基酸推荐的添加量

氨基酸	占粗蛋白百分比（%）	氨基酸	占粗蛋白百分比（%）
赖氨酸	6.0	组氨酸	1.9
蛋氨酸	2.1	亮氨酸	6.8
苯丙氨酸	4.2	异亮氨酸	3.2
精氨酸	6.8		

3. 脂肪和脂肪酸需要：脂肪是水貂重要的能量来源，也是其体组织的重要成分，具有供能、贮能和促进脂溶性维生素的吸收的作用等，贮存在肠系膜、皮下组织、脏器周围的脂肪还具有保护脏器组织的作用。有研究表明，日粮中添加一定数量的脂肪可以提高日蛋白质的消化率和改善饲料的转化效率。水貂日粮中脂肪供应不足时，不仅增加蛋白质的消耗，而且水貂容易患脂溶性维生素缺乏症，以及引起体内不能转化合成的 3 种必需脂肪酸（亚麻油酸、次亚麻油酸、花生油酸）的缺乏等，造成繁殖力下降、死胎、缺乳、毛绒品质下降等。体脂贮存不足，则御寒力差，易导致死亡。

水貂日粮中脂肪含量过高，可使食欲减退，造成营养不良，生长迟缓，毛绒品质低劣。在繁殖季节，水貂体脂贮积过多，造成体况过肥，可导致公貂配种能力下降，母貂发情延迟，甚至不发情，已配种的空怀、流产或难产，产后缺奶等不良后果。脂肪过多还可引起代谢机能发生障碍。脂肪代谢发生障碍是引起尿湿症的主要原因之一。脂肪在体内不能完全氧化，则其酸性代谢物质随尿排出，这种情况下，尿呈酸性，能腐蚀尿道引起发炎。尿液可腐蚀毛皮，使毛皮质量下降。

水貂对脂肪的利用率较高，通常达 95% 左右，且随着脂肪种类的不同而不同，含饱和脂肪酸多的脂肪不易消化吸收，因而利用率低；含不饱和脂肪酸较多的脂肪，容易消化吸收，因而利用率较高。水貂对脂肪的需要量较低，日粮中脂肪的含量应以10～17克为宜，但不同地区、不同季节以及水貂不同时期对脂肪的需要量有很大差异。母貂妊娠期和幼貂生长期补给含有必需脂肪酸的饲料，对提高繁殖力、促进幼貂生长十分有利。在准备配种期、配种期和妊娠期，脂肪在日粮中可占11～13克，哺乳期13～17克，幼兽养育期可维持17克左右，毛绒生长期可降到13～15克，为了预防湿腹症，可降到11克左右。大量采用鱼粉、干鱼、肉骨粉和干配合饲料时，必需脂肪酸则在水貂营养中具有重要的作用。据报道，日粮中含有1.5%亚麻油二稀酸和0.5%亚麻酸，能有效地预防必需脂肪酸缺乏症。各饲养时期日粮中脂肪含量和比例可参考美国水貂实际生产的标准。

饲料中的不饱和脂肪酸，可因长期贮存或受外界光、热、水、金属等物质的作用，发生氧化酸败。酸败的脂肪对维生素A、维生素D、维生素E和B族维生素有破坏作用。因此，喂脂肪酸败的饲料，可引起多种维生素缺乏症，严重影响水貂的生长发育和繁殖，甚至导致患脂肪组织炎等疾病。因此，当增加脂肪喂量时，要注意相应增加维生素E或化学抗氧化剂的供给。在国外，用于貂饲料的抗氧化剂有山道喹（BHA）、丁烯烃基苯（BHT），每千克湿饲料中加入122毫克，能预防黄脂肪病的发生。

4. 碳水化合物：碳水化合物也是水貂的热能来源，主要来源乎谷物饲料。谷物的最低标准量是4克，最高12克，相当于代谢能的20%～30%。目前水貂日粮中，谷物量一般为15～25克（指生的），这与脂肪的含量有直接关系。蛋白质一定时，脂肪含量高，谷物饲料就应下降，反之应上升。日粮中碳水化合物的供给量超过最高标准时，会发生蛋白质不足，引起幼貂的生长发育受阻，毛皮质量下降。水貂对纤维素的消化能力很差，在日粮干物质中含有1%的纤维素，对胃肠道的蠕动、食物的消化和幼貂的生长有良好的促进作用，但当增加到3%时，就会引起消化不良。各饲养时期日粮中碳水化合物含量和比例可参考美国水貂实际生产的标准。

5. 矿物质需要：虽然矿物质在动物体内的含量很少，约占体重的4.8%~5.6%，但是，矿物质对于维持动物的正常生命活动具有重要的生理作用：参与机体的各种生命活动，形成体细胞和组织（如骨骼和牙齿）；维持血液和体液的渗透压平衡，保证细胞营养；维持机体正常代谢；维持肌肉和神经的功能发挥；活化酶和激素等。因此，矿物质是保证水貂的健康、生长、繁殖和提高产品质量所不可缺少的营养物质。

水貂对许多矿物质具有需要量和有毒量，日粮中矿物质过量会造成水貂中毒，甚至死亡，矿物质缺乏会引起动物食欲减退，产生相应的矿物质缺乏症或者代谢疾病，造成生产性能下降，严重的亦可导致死亡。矿物质包括的范围很广，维持动物有机体正常营养所必需的矿物质包括微量元素和常量元素。常量元素是指需要量大的矿物质元素，主要包括：钙、磷、钾、钠、氯、镁、硫等；微量元素是指需要量很少的矿物质元素，主要包括钴、硒、铜、锌、锰、碘、铁等。这些矿物元素一般广泛地存在于动物性饲料和植物性饲料中，但由于不同地域饲料原料的不同以及水貂不同生长阶段对矿物元素需要量的差异，一些必需的矿物质元素需要在饲养过程中额外补充。

（1）钙、磷：水貂体内的灰分、钙和磷占65%~70%，钙和磷占机体内矿物质的70%以上。钙绝大部分以磷酸钙形式沉积于骨骼中、牙齿中，也是构成血液和淋巴的成分，还有一部分与蛋白质相结合存在。钙能调节神经系统的兴奋性，参与血液凝固过程，也参与胃中凝乳酶的凝乳作用。磷或以无机盐的形式存在，或以有机化合物的形式存在于蛋白质、磷脂、糖的成分内。

磷是组成酶的一部分，对血液的酸碱平衡起着调节作用。

钙和磷是机体所必需的元素，对妊娠、泌乳母貂和生长中的幼貂尤为重要。日粮中钙、磷的含量应该适宜，其含量过量或不足都会引起不良后果：钙、磷同时过量会影响其他矿物元素（尤其是微量元素）的吸收利用；长期缺乏钙、磷可引起幼貂生长发育停滞，发生佝偻病，导致成年貂发生骨质松软、骨纤维化及软骨病。另外，钙能使神经系统的兴奋性降低，血钙水平如果过低时，可引起神经系统过度兴奋、肌肉发生痉挛。缺磷则主要表现为厌食和生长不良；磷过多会形成磷酸钙盐，导致钙的不足，造成继发性营养性甲状旁腺机能亢进，引起骨质疏松，容易出现骨折跛行和腹泻，肋骨软化会影响正常呼吸，严重时导致窒息死亡。钙、磷比例过度失调，可引起毛绒粗糙、脆弱、无光泽及食欲减退等。在繁殖季节，钙、磷不足易造成胚胎吸收、仔貂生命力弱，母貂产后缺乳、瘫痪，消化机能障碍和性机能减退等。

饲料中的钙和磷主要在小肠上段被吸收。钙、磷的吸收受到它们之间的比例影响。如果钙过多，使饲料中更多的磷酸根与钙结合而沉淀，就降低了钙、磷的吸收率。但在饲料中含有维生素D的情况下，水貂也可以把比例不当的钙、磷吸收，因为维生素D能降低肠道中pH值，使之呈酸性反应，以利于钙的吸收。脂肪在饲料中过高，也妨碍钙的吸收，因为钙与脂发生作用形成难以吸收的钙肥皂，随粪便排出体外。因此，当日粮中的钙磷比例比较理想，一般为2∶1或在1∶1的范围内时，才有利于日粮中的钙磷的吸收和利用，否则可能会引起水貂生长速度下降，生产性能较差。注意，适量的维生素D有利于钙和磷的吸收。

水貂饲料中，以骨粉、骨灰、鲜骨、鱼粉及油饼中含钙、磷最丰富。通常每只水貂日需钙、磷0.5～2克。

（2）钠和氯：钠和氯主要存在于水貂细胞外液中，对维持体内酸碱平衡以及细胞和血液之间的渗透压有重要作用，还可以保证体内水分的正常代谢，调节肌肉和神经的活动，对维持水貂机体内环境的稳定，从而保证各器官系统的正常生理机能有重要意义。氯参与胃酸的形成，从而促进蛋白质在胃中的消化。日粮中缺乏食盐，可使胃酸分泌减少，影响胃的消化能力，导致水貂食欲减退、发育迟缓，体重下降和精神萎靡，体内水分减少，并可使繁殖力大大降低。肾脏可以排除多余的氯和钠，以调节机体的氯和钠水平，但是如果水貂食入大量食盐却没有饮充足的水就很可能发生食盐中毒。繁殖期日粮干物质中食盐的添加量为1.5%以上时会降低水貂的繁殖性能。

一般动物性饲料中含钠较多，植物性饲料中含钠较少。正常情况下，每只水貂每天应供给食盐0.5~0.7克。据Glem-hansen（1978）报道，在湿料中添加0.5%的食盐或干日粮中添加1.3%~1.5%食盐即能够满足妊娠和哺乳母貂的需要，其他时期的水貂对食盐的需要量要更低些。

（3）钾：钾多以磷酸钾的形式存在于肌肉、红血球、肝脏及脑组织中，是细胞的组成成分，具有维持水貂细胞内渗透压和调节酸碱平衡的作用，对肌肉组织的兴奋性及红血球的发生有特殊的生理功能。钾盐能促进新陈代谢，有助于消化。缺钾会导致动物肌肉发育不良，容易引起幼貂生长发育受阻，成年貂食欲减退，心肌活动失调；母貂发情紊乱、不易受孕。钾盐广泛存在于动植物饲料中，在正常饲养条件下，水貂不容易发生缺钾症。日粮中钾含量达0.3%时就可满足貂的需要。

（4）镁：镁在动物体内分布很广，但含量不多，动物机体内约70%的镁以磷酸镁的形式存在于牙齿及骨骼中。镁有助于骨骼形成，它与钙、磷代谢有密切关系。摄取过多时影响钙、磷的结合，妨碍机体的沉钙作用。镁是碳水化合物和脂肪代谢中一系列酶的激活剂，它可影响肌肉、神经的兴奋性，低浓度时会引起痉挛。在正常的饲养条件下，水貂极少产生镁缺乏症。日粮中镁不足时，可引起水貂生长停滞，神经失常、痉挛、皮肤病，毛皮粗劣。另外，日粮镁不足可能是水貂出现食毛现象的因素之一。据研究，当在日粮中补充添加镁和减少食盐添加量时有助于水貂停止食毛。镁的最小推荐量水平存在很大的差异，Wood（1962）建议种貂和生长期水貂日粮中应定量供给 396～440 毫克/千克镁；Warner（1964）建议当纯合日粮中添加 625 毫克/千克镁时就足够满足水貂正常生长需要。

（5）硫：硫主要存在于蛋白质中，它是含硫氨基酸（蛋氨酸、胱氨酸）的主要组成元素之一。硫又是调节代谢的物质，如胰岛素、硫胺素都含有硫，对调节水貂有机体的物质代谢有一定意义。水貂毛含硫约 5%～7%，且多以胱氨酸形式存在，因此，硫对水貂毛皮的生长有着重要作用。日粮中的无机硫和含硫氨基酸在体内释放硫，用于合成软骨素基质、胱氨酸等有机成分，通过这些有机成分的代谢起作用。水貂通常也不会缺硫元素，但若日粮中含硫蛋白质长期供给不足，可使毛绒品质下降，在毛绒生长期尤其应注意硫的供应。另有有报道指出，当日粮中钼或铜的水平过高时，会干扰硫的代谢，因此，高铜日粮会增加对含硫氨基酸的需要量；相反，增加含硫氨基酸可以抵消高铜的毒性。

（6）铁：铁是红细胞中血红蛋白的重要构成元素，水貂机体的铁有 60%～70% 存在于血红蛋白和肌红蛋白中，20% 左右的铁与蛋白质结合成铁蛋白，存在于肝、脾和骨髓中，其余存在于含铁的酶类。日粮铁的吸收受体内铁储的调控，一般利用率只有 30%。足量的铁是机体生长发育与代谢不可缺少的基本条件，缺铁可导致营养性贫血，影响机体的免疫功能和生长发育，母貂奶中缺铁，可引起幼貂贫血症。水貂饲料中，肝、血、肺、豆饼、蔬菜等饲料含铁很丰富，因此，一般情况下水貂不会发生缺铁现象。如果日粮中经常适量搭配鲜血，可以防止缺铁，并可提高毛皮质量。日粮中铁含量为 50~100 毫克/千克可满足水貂的需要。

（7）铜：铜在水貂机体内分布较广，对机体的作用非常广泛：其促进血红素的形成，参与构成细胞色素氧化酶、铁氧化酶、酪氨酸氧化酶等；是合成血红蛋白的催化剂的重要元素之一，能促进铁和蛋白质的结合而形成血红蛋白；与毛的发育、色素的产生、骨的发育、生殖、泌乳等有重要联系。铜多存在于水貂的肝、心、骨骼、皮肤和体液。水貂缺铜后会产生多种症状：①不利于铁的利用，因此与缺铁有相似的贫血症状；②可以导致佝偻病和骨质疏松症；③可导致水貂食欲下降、生长停滞、体重减轻；④导致水貂脱毛，发生皮炎，毛绒品质下降、中枢神经也受影响。因为铜属于重金属，对蛋白质有较强的凝固作用，所以高剂量铜可用于防止饲料霉变，消化道杀菌，然而，过高剂量的铜也易引起动物消化道正常菌群的失衡，造成下痢和 B 族维生素的缺乏。高剂量的铜有抗菌促生长作用，但长期饲喂可能造成在成年动物肝脏的沉积，铜在肝脏中积累到一定程度时就会释放入血，使红细胞溶解，造成黄疸、组织坏死等，从而导致生长抑制和死亡现象。有试验表明，提高日粮中铁和锌的水平可以缓解高铜的毒性，对采食铁锌不高的饲料的家畜铜中毒剂量是每千克300 毫克左右。日粮中铁含量为 4~6 毫克/千克可满足水貂的需要。

（8）锌：锌广泛分布于动物体内，骨、肝、皮、毛中锌的浓度最大，骨中锌浓度随年龄增加而增加，皮毛中的锌浓度则正好相反，肝脏、肌肉和其他器官的含锌量似乎与年龄无关。锌既是某些酶的组成成分，又可以影响某些非酶的有机分子配位基的结构构型。此外，锌与性腺、胰腺、垂体的活动密切相关。因此，锌具有的极其复杂而重要的生物化学功能。当体内缺锌时，水貂食欲减退，采食能力大大降低，饲料氮和硫的利用受阻，饲料利用率下降，生长速度降低；缺锌影响最为严重的就是生殖，可使动物的性腺成熟期推迟，甚至失去生殖能力；成年动物缺锌可发生性腺萎缩、纤维化以及第二性征发育不全等症状。另外，缺锌还可导致皮炎、脱毛，使被毛失去光泽秘弹性。锌的缺乏可引起食欲不振、生长迟缓、无生殖能力及皮肤发炎等。水貂可以通过肠道的吸收与排泄作用来有效的维持动物机体内锌的平衡。水貂可从饮水和日粮中获得锌，一般不缺乏。日粮中锌含量为60 毫克/千克可满足水貂的需要。

（9）锰：锰是动物有机体内许多酶的激活剂，能影响碳水化合物、脂肪和氮的代谢，对动物生长发育、钙磷沉积、成骨作用和繁殖有直接影响。锰缺乏时生长受到抑制，被毛蓬乱，死亡率升高；还可造成骨化障碍、骨骼变形、跛行，产生弯腿或腿变短粗，骨脆易折；成年水貂缺锰可导致性机能减退。日粮中锰过多时，会抑制幼貂血红蛋白的形成，甚至产生其他有害作用。另外，当日粮中钙和磷过多时，可能会使锰的吸收降低。日粮中补充锰盐，可明显促进仔貂生长和骨骼的形成。日粮中锰含量为40~50 毫克/千克可满足水貂的需要。

（10）钴：钴在动物有机体中，几乎全身都有，肝、肾、脾含量较多。钴主要通过参与构成维生素 B_{12} 发挥其生理生化功能：它参与体内一碳基团的代谢；同叶酸相互作用，促进活性甲基的形成；促进叶酸转变为活性形式，提高其生物利用效率等。此外，钴还是血红蛋白和红血球在生成过程中不可缺少的元素，对骨骼的造血机能有直接作用，因此，钴可以治疗多种贫血。缺钴时，水貂厌食、营养不良、发育迟缓、恶性贫血、性机能失调而造成母貂流产等。肝是贮存钴的场所，鱼和谷物性饲料都含有钴。水貂日粮中动物性成分比例较大，所以水貂一般不会缺钴。

（11）碘：动物的一切体组织和体液都含有碘，但碘主要集中在甲状腺中。碘主要通过形成甲状腺激素来发挥作用，主要包括：促进合成蛋白质；活化 100 多种酶；影响细胞内的氧化和磷酸化；调节基础代谢和能量转化；促进细胞吸收和利用葡萄糖；加速脂肪的氧化、分解和利用；维持中枢神经系统的结构；促进生长发育；调节水貂机体新陈代谢、毛绒脱换、性机能等。日粮中碘缺乏时，水貂代谢机能减弱，生长发育受阻，抗病能力降低，死亡率升高，繁殖率下降及毛绒脱落等。饲料中以鱼粉、海鱼、海带、蔬菜中含碘最多，一般不会发生缺碘现象。正常的含鱼水貂日粮中碘的含量是 2.46 毫克/千克，因此，日粮中鱼含有的碘一般能够满足水貂的需要。Wood（1962）建议 0.2 毫克/千克的碘足够满足种貂和生长期水貂的需要。

（12）硒：硒是动物体内谷胱甘肽过氧化物酶的必需成分，机体的所有组织和细胞均含有硒。硒在机体内具有抗氧化功效、参与机体免疫、影响基础代谢和内分泌。目前水貂对硒的精确需要量未确定，但在獭兔方面已证实，缺硒可引起营养性肝坏死，幼兔易产生白肌病，还会导致公兔繁殖机能发生障碍。需要注意的是，硒具有毒性，日粮中添加过量会影响动物的生产性能，严重者还可导致动物中毒。水貂日粮中硒的营养需要量的推荐值为 0.1 毫克/千克。

6. 维生素需要：与碳水化合物、蛋白质、脂肪、矿物质和水不同，维生素既不能供给能量，也不是构成动物机体组织的成分。动物体内维生素含量少，但为正常组织健康生长、发育和维持所必需的物质。维生素可分为脂溶性维生素和水溶性维生素两大类。脂溶性维生素主要包括维生素 A、维生素 D、维生素 E 和维生素 K，这类维生素可以与脂肪一起吸收，因此，有利于脂肪吸收的条件也有利于脂溶性维生素的吸收，脂溶性维生素在体内有一定量的储存。水溶性维生素主要包括 B 族维生素和维生素 C。除了维生素 B_{12} 外，其他水溶性维生素并不在体内储存。水貂肠道中微生物区系所合成维生素的量不能满足自身需要，需从饲料中获得必需的维生素。

（1）维生素 A：维生素 A 在维持动物正常生命活动和充分发挥其生产潜力方面具有重要的作用。维生素 A 增加对传染病抵抗能力、促进生长、刺激食欲、有助于繁殖和泌乳。鹿松年（1983）报道，家养水貂维生素 A 缺乏症表现为成年母兽不孕、早期胚胎死亡、吸收、流产，有的产出死胎或畸形胎；公兽睾丸缩小，精子数量减少且活动能力差。患兽发病期都有不同程度的神经症状，呈明显的干眼病。水貂能在体内积蓄维生素 A，并逐渐地进行消耗，维生素 A 主要集中在肝脏中。水貂长期饲喂维生素 A 时，每克肝组织中维生素 A 的含量只要达到 150～250 国际单位就可以充分满足需要。在 2～3 个月时间内给毛皮动物喂大剂量的维生素 A（每千克体重 20 000 国际单位以上）会引起维生素 A 过多症，在繁殖期饲喂此剂量的维生素 A，会使水貂的繁殖能力变坏。水貂不能充分地吸收植物性胡萝卜素，因此需要随饲料补充维生素 A。建议在幼貂生长期应供给较多的维生素 A，每千克体重日需 450～500 国际单位。

（2）维生素 D：动物体内缺少维生素 D 时，不仅出现软骨病，还会严重影响繁殖机能。通常只有长期饲用不含骨质和其他钙磷来源的饲料，水貂才有可能发生佝偻病和其他维生素 D 缺乏症状。水貂可以按每天每千克体重喂给维生素 D100 国际单位。如果大剂量（每千克体重 10 000 国际单位以上）喂给维生素 D，2～3 周后，就会引起伴有食欲丧失、呕吐、体重降低、消化紊乱、骨骼矿物质排出过多和组织灰化的维生素 D 过多症。水貂每千克体重日需要量为 45～50 国际单位。

（3）维生素 E：维生素 E 有抗氧化作用，能防止不饱和脂肪酸氧化，是水貂正常繁殖所必需的。王立强（1992）试验证明，饲料中维生素 E 水平在 12.5～15 毫克/（只·日）时，可缩短母兽的妊娠期,提高产仔数。维生素 E 水平在 10 毫克/(只·日)以上时,可提高仔兽断奶成活率。缺乏维生素 E 的主要症状是,母貂虽能怀孕但胎儿很快就死亡并被吸收,公貂的精液品质下降,精子活力减退,数量减少,乃至消失。此外,由于脂肪代谢障碍,出现黄脂病。张文漠等(1986)报道,貂同时缺乏硒和维生素 E 时,还将引起骨肌营养不良,心血管异常或肝坏死而突然死亡。

维生素 E 耐热、耐酸,但对光、氧、碱敏感。在新鲜脂肪、小麦芽、豆油、蛋黄、肝、牛马肉中含量较丰富。水貂每千克体重日需要量为 2～5 克,当日粮中不饱和脂肪含量适中的情况下补加维生素 E 2 毫克,含量高时补加维生素 E 5 毫克,可获得理想效果。维生素 E 缺乏所引起的一系列症状,可在饲料中添加亚硒酸钠来防止,推荐量为按每千克干饲料计算,添加亚硒酸钠 0.11 毫克。

(4)维生素 K:维生素 K 的生理功能主要是维持动物凝血正常,因此,又称作凝血维生素和抗出血维生素,主要有维生素 K_1、维生素 K_2、维生素 K_3 3 种形式。正常情况下,水貂维生素 K 缺乏症比较少见,但在肠道机能紊乱,或患肝炎和肝脏其他疾病,或长期使用抗菌素抑制肠道中微生物活动时偶有发生。在产仔前最好随母貂饲料饲喂两次维生素 K_3,每次剂量为每头母貂 1～2 毫克。大剂量饲喂维生素 K_3(每千克体重 6 毫克以上),将引起水貂中毒。

(5)B 族维生素:B 族维生素属于水溶性维生素,主要包括:维生素 B_1(硫胺素),维生素 B_2(核黄素),维生素 B_6(吡哆醇、吡哆醛和吡哆胺),维生素 B_{12}(钴胺素)、烟酸、泛酸、叶酸和胆碱等。

维生素 B_1(硫胺素) 维生素 B_1 是很多酶的辅酶,主要参与碳水化合物代谢过程中的氧化脱羧反应。通常饲料中含有充足的硫胺素，但由于拮抗物的存在，缺乏现象时有发生。水貂等食肉毛皮动物自身基本上不能合成维生素 B_1，全靠日粮来满足需要。如果动物体内缺乏维生素 B_1，碳水化合物代谢强度及脂肪利用率迅速减弱，出现食欲减退，消化紊乱，后肢麻痹，颈强直、震颤等多发性神经症状。一般此症后期伴有下痢，尾部毛皮沾满浓黑色排泄物。为使幼貂正常生长，在饲喂的精料中，每千克干物质应含有盐酸硫胺素 1.2 毫克。夫·阿·别列托夫等（1985）报道，每千克干饲料中含有 2.5 毫克盐酸硫胺素时，才能满足毛皮动物对维生素 B_1 的需要。用含有硫胺素酶的生鱼饲喂水貂时，该酶将破坏饲料中的硫胺素。由于硫胺素酶对热不稳定，故应先将鱼加热，再饲喂动物可防止这一问题发生。维生素 B_1 的毒性小，当超过动物需要最低量的 200 倍时，也无危险。维生素 B_1 在酵母、肝、豆类中含量丰富，水貂每千克体重日需要量为 2~5 毫克。

维生素 B_2（核黄素） 维生素 B_2 是黄素蛋白的成分，主要构成细胞黄酶辅基，参与能量、蛋白质代谢以及脂肪酸的合成与分解。饲料中缺乏维生素 B_1，将导致日粮中蛋白质和氨基酸利用率低下，影响动物繁殖机能。维生素 B_1 也参与体温调解，因此认为，冬季舍饲条件对维生素 B_1 的需要量提高，缺乏时表现皮肤被毛脱色和生长缓慢，甚至肌肉痉挛无力。在实践中维生素 B_1 缺乏症的发生，可能是由于饲料中鱼粉用量过高，或因每 418 焦耳能量的日粮中超过 5 克脂肪及维生素的来源减少等因素所致。为防止维生素 B_1 不足，建议在每千克生长水貂饲料中添加的 1.5 毫克的维生素 B_1。

维生素 B_6（吡哆醇） 维生素 B_6 包括吡哆醇、吡哆醛和吡哆胺，三者在动物体内的生物活性相同，主要参与蛋白质、脂肪和碳水化合物的代谢。通常日粮中含有足够的维生素 B_6，一般不出现缺乏症，但是，当日粮中含有维生素 B_6 拮抗剂（如维生

素 B_6 结构类似物、羟胺、氨基脲、巯基化合物、可食香菇中的香菇酸、亚麻中亚麻素等)时,会导致维生素 B_6 缺乏。动物缺乏吡哆醇时生长迟滞,出现红皮水肿性多发性神经炎、类似癫痫的惊厥、贫血和脱毛。在繁殖期维生素 B_6 不足,公兽出现无精病,母兽引起空怀及胎儿死亡。杜库尔(1975)等指出妊娠水貂维生素 B_6 缺乏,不产仔母兽数和仔兽死亡数增加。另外,健壮公兽尿结石的发生与维生素 B_6 不足有关。在生产条件下用煮熟的鱼类及其副产品占优势而酵母缺少的饲料喂水貂时,常发生维生素 B_6 缺乏症。许多资料表明,毛皮动物需要维生素 B_6 的剂量为 10 ~ 15 毫克/千克干饲料。维生素 B_6 毒性很小,也很稳定,建议在每千克水貂干饲料中添加 11 毫克 维生素 B_6。

维生素 B_{12}(钴胺素)　　维生素 B_{12} 是含钴的维生素,具有调节造血机能,防止发生恶性贫血的作用。维生素 B_{12} 又称动物蛋白因子,主要参与一碳基团的形成、分解和转移,对各种蛋白质的合成有重要意义。缺少维生素 B_{12},系由于肠道吸收能力受到破坏,患恶性贫血,红血球浓度降低,神经敏感性增强,严重影响繁殖力。因为水貂肠道中微生物区系不能合成足够的维生素 B_{12} 来满足本身的需要,而动物蛋白质饲料中含有丰富的维生素 B_{12},所以,水貂需要经常从饲料中获得维生素 B_{12}。在水貂实际日粮中维生素 B_{12} 含量相当多,不需要另外补给。只有当发生各种肝病、慢性胃肠病、营养不良、幼兽生长停滞以及肉、鱼供给量不足时,才有可能造成维生素 B_{12} 缺乏症。

生物素　　生物素的在脱羧—羧化和脱氨过程中起辅酶的作用,主要参与蛋白质、脂肪和碳水化合物的代谢。生物素缺乏症症状为,深色水貂变成灰色,毛皮呈现条纹状。据报道,大量喂给腐败的火鸡肉(在干物质中占 40% 以上),将引起水貂生物素缺乏症。碎肉中含有生蛋(卵)附也会导致生物素缺乏症的发生,这是因为生卵中含有抗生物素蛋白,可与饲料中的生物素结合，从而使生物素不能被吸收利用。碎肉加热能使抗生物素蛋白失活，避免发生生物素缺乏症。另有试验表明，若饲喂的生卵清占蛋白质总量的 30%，则可发生生物素缺乏症，表现为明显地缺乏毛色素，毛皮品质下降，皮肤增厚呈鱼鳞状，结膜发炎，肝脏中脂肪浸润，最后导致死亡。

泛酸　泛酸是辅酶 A 的组成部分，而辅酶 A 在蛋白质、脂肪和碳水化合物代谢中起关键作用。饲料中有充足的泛酸，泛酸不足会导致动物代谢紊乱，主要表现为被毛褪色，皮肤脱屑及神经症状。据报道，水貂机体内缺乏泛酸，对皮张质量和繁殖具有不良影响。笼养貂泛酸不足的主要原因是长期饲喂干饲料及煮过的动物性饲料，长期利用氧化变质的脂肪或酵母供给量减少所致。饲料中脂肪量增加时泛酸的需要量也增加。

胆碱　胆碱不同于其他 B 族维生素，可以在肝脏中合成，机体对胆碱的需求量也较大。胆碱是磷脂的组成成分，主要功能包括：参与细胞的构成；促进肝脏脂肪转化，防止发生脂肪肝；作为乙酰胆碱的组成部分参与传导神经冲动。虽然动物可以合成大量的胆碱，但由于种种因素，还是会出现缺乏症。依靠动物自身生物学合成，胆碱不能完全满足机体的需要量，特别是在日粮中含蛋氨酸少的劣质蛋白占优势时，水貂饲料中应经常添加足够的胆碱。

（6）维生素 C：维生素 C 又称抗坏血酸，其主要参与细胞间质的生成和氧化还原反应，促进肠道对铁的吸收，具有解毒和抗氧化作用，能维持牙齿、骨骼的正常功能，增强机体对疾病的抵抗力，促进伤口愈合。维生素 C 缺乏易导致口腔、齿龈出血。母貂妊娠期缺乏时，初生仔貂容易得红爪病。维生素 C 广泛存在于蔬菜和水果中，有很强的还原性质，易被热、碱、日光、氧化剂所破坏，但在酸性环境中较为稳定。尽管在一般条件下兽类机体自身能合成维生素 C，然而从全面考虑，在日粮中补充维生素 C 是非常有益的，建议添加量 20 ~ 30 毫克／（日·头）。水貂不同生长阶段日粮中主要维生素的添加量见表 3 - 6。

表 3 - 6　水貂日粮中主要维生素的添加量（每天每只）

生物学时期	月份	维生素 A (IU)	维生素 D (IU)	维生素 E (毫克)	维生素 B$_1$ (毫克)	维生素 B$_2$ (毫克)	维生素 C (毫克)
准备配种	12 ~ 2	500 ~ 800	50 ~ 60	2 ~ 2.5	0.5 ~ 1.0	0.2 ~ 0.3	—
配种	3	500 ~ 800	50 ~ 60	2 ~ 2.5	0.5 ~ 1.0	0.2 ~ 0.3	—
妊娠	4	800 ~ 1 000	80 ~ 100	2 ~ 5	1.0 ~ 2.0	0.4 ~ 0.5	10 ~ 25
哺乳	5 ~ 6	1 000 ~ 1 500	100 ~ 150	3 ~ 5	1.0 ~ 2.0	0.4 ~ 0.5	10 ~ 25
幼貂育成	7 ~ 8	300 ~ 400	30 ~ 40	2 ~ 5	0.5	0.5	—
冬毛生长	9 ~ 11	300 ~ 400	30 ~ 40	—	0.5	0.5	—

（二）水貂配合饲料的配制和饲喂方法

所谓配合饲料，是根据水貂各生物学时期的营养需要，用多种饲料按一定比例混合加工而成的，营养成分均衡，生物学价值较高的一类饲料。这种饲料中各种营养成分齐全，比例合适，使用后能提高饲料利用率，降低饲料消耗。根据饲料组成的物理状态可将配合饲料分为配合鲜饲料和配合干饲料。配合鲜饲料具有适口性好，消化利用率高的优点，但其原料保存和加工成本较高。配合干饲料含水量低（在 12% 以下），便于运输和贮存，使用起来比较方便，但适口性较差，在水貂繁殖期尽量避免使用配合干粉饲料。

配制水貂配合饲料，首先必须掌握水貂各生长时期对各营养成分的需要量。无论是鲜饲料原料还是干饲料原料，在配制配合饲料时必须要了解饲料原料中各营养成分（蛋白质、脂肪、能量、钙、磷等）的含量，最好进行实际测定，没有条件的可以参考《中国饲料成分及营养价值表》。饲料配制完成后，要对配好的饲料进行随机测定，以监测所配制的饲料是否满足该时期水貂的营养需求。

1. 日粮配方的拟定原则：

（1）保证营养需要：水貂在不同饲养时期对各种营养物质的需要量不同，在拟定日粮配方时要根据实际饲料原料的热能及各种营养成分的含量，按照水貂相应时期的营养需要，尽可能达到日粮标准的要求。

（2）合理调剂搭配：拟定日粮配方时，要充分考虑当地的饲料条件和现有的饲料原料种类，尽量做到营养全面，合理搭配。特别要注意运用氨基酸互补作用，满足水貂对必需氨基酸的需要，提高日粮中蛋白质的利用率。既要考虑降低饲养成本，又要保证水貂的营养需要和适口性。

（3）避免拮抗作用：各种饲料的理化性质不同，搭配日粮时，互相有拮抗作用或破坏作用的饲料要避免同时使用。

（4）保持相对稳定：在配合日粮时，还要考虑过去的日粮营养水平、貂群的体况以及存在的问题等，同时也要保持饲料的相对稳定，一定要避免突然改变饲料品种，否则会引起水貂对饲料的不适应而影响生产。

2. 日粮配方的拟定方法：饲料单是日粮标准的具体体现，目前主要有以重量和热量为计算依据的良种方法，现分别介绍如下。

（1）热量法：该法是以热量为依据来计算的，现以拟定100只水貂妊娠期饲料单为例。

第一步，确定日粮热量标准及各种饲料的热量比例。

参考日粮标准，每天每只貂应供给热能为1 130千焦。根据饲料种类和质量确定海杂鱼占能量的40%，熟痘猪肉占17%，猪肝占8%，牛奶占7%，混合谷粉占22%，大白菜占2%，饲料酵母占4%。

第二步，根据各种饲料的能量比例，计算每418.7千焦能量中各种饲料的响应重量。

　　查各种饲料营养成分表（参见金盾出版社《毛皮兽养殖技术问答》一书）得知，每100克海杂鱼的能量为351.7千焦，那么167.5千焦（在418.7千焦中海杂鱼占40%）相当于海杂鱼的重量为：167.5×100/351.7=47.6克）。以此类推，即可计算出每418.7千焦中各饲料原料的相应重量分别为：海杂鱼167.5千焦，47.6克；熟痘猪肉71.2千焦，5.9克；猪肝33.5千焦，6.7克；牛奶29.3千焦，10.6克；玉米面92.1千焦，8.6克；白菜8.4千焦，14.3克；饲料酵母16.7千焦，1.8克；合计为418.7千焦，95.5克。

　　第三步，计算每天供给每只水貂的饲料总量。

　　在第二步中，已算出418.7千焦所需各种饲料原料的数量，此期水貂需要的能量为1 130千焦，故将各种饲料在418.7千焦热量中的相应重量乘以2.7，就可以得到日粮中的重量。即：海杂鱼47.6克×2.7≈129克；熟痘猪肉5.9克×2.7≈16克；猪肝6.7克×2.7≈18克；牛奶10.6克×2.7≈29克；玉米面8.6克×2.7≈23克；白菜14.3克×2.7≈39克；饲料酵母1.8克×2.7≈5克；合计为95.5克×2.7≈259克。

　　第四步，核算日粮中可消化蛋白质的含量。大型貂还要定期核算脂肪和碳水化合物的含量。具体方法与核算蛋白质相同。

　　差各种饲料原料的营养成分表，以日粮中各种饲料的重量乘该种饲料的蛋白质含量（%），即得出日粮中各种饲料所含有的蛋白质数，合计为日粮中的总蛋白质数量。

　　即：海杂鱼129克×13.8%=17.8克；熟痘猪肉16克×23.1%=3.7克；猪肝18克×17.3%=3.1克；牛奶29克×2.9%=0.8克；玉米面23克×9%=2.1克；白菜39克×1.4%=0.5克；饲料酵母5克×38%=1.9克；合计为29.9克。

　　由于每只妊娠期水貂每天需要可消化蛋白质为25～35克，

可以证明日粮中蛋白质的含量可以满足此期水貂的营养需要。

第五步，计算全群 100 只水貂每天所需的饲料量，然后以 4∶6 的比列分配早、晚用量，及形成了最终的饲料配方单。

（2）重量法：该法是以重量为依据计算的。现以拟定 100 只妊娠后期母貂的饲料单为例。

第一步，确定日粮重量标准及饲料品种比例。

根据日粮重量标准表，每天应供给混合饲料 320 克。确定起中海杂鱼占 50%、牛肉 10%、牛奶 5%、鸡蛋 3%、玉米粉 10%、白菜 12%、水 10%。每天每只另添加酵母饲料 3 克、骨粉 2 克、维生素 A 1 000 IU、维生素 D 100 IU、维生素 B_1 2 毫克、维生素 B_2 0.5 毫克、维生素 C 20 毫克、维生素 E 4 毫克、食盐 0.5 克。

第二步，计算每只水貂每天供给各种饲料的重量如下（每种日粮的标准×日粮的重量比 = 日粮重量）：

海杂鱼 320 克×50% = 160 克；牛肉 320 克×10% = 32 克；鸡蛋 320 克×3% = 9.6 克；牛奶 320 克×5% = 16 克；玉米面 320 克×10% = 32 克；白菜 320 克×12% = 38.4 克；水 320 克×10% = 32 克；合计为 320 克。

第三步，验证日粮中可消化蛋白质的含量。

查饲料营养成分表，以日粮中各种饲料的重量乘该种饲料蛋白质的含量（%），再累计相加，即得出日粮中蛋白质的数量。即海杂鱼 160 克×13.8% = 22.1 克；牛肉 32 克×20.6% = 6.6 克；鸡蛋 9.6 克×14.8% = 1.4 克；牛奶 16 克×2.9% = 0.5 克；玉米面 32 克×9% = 2.9 克；白菜 38.4 克×1.4% = 0.5 克；合计为 34 克。

由于妊娠后期每只水貂每天需要的可消化蛋白质为 25～35 克，所以，该日粮中的蛋白可以满足母貂妊娠后期的需要。

第四步，计算全群 100 只水貂每天所需的饲料量，并按 4∶6 分配早、晚用量，即形成最终的饲料配方单。

配合鲜饲料和配合干饲料配方拟定的原则基本相同，但在具体配制时需要注意一些细节。

3. 配合鲜饲料和配合干饲料的注意事项：

（1）配合鲜饲料：水貂饲料采取科学的加工方法，是减少养分损失，保持饲料质量，增加适口性，达到无害处理的一项重要技术措施。因此，初次养貂的养殖户一定要掌握好水貂饲料的科学加工技术，实行科学饲喂，以满足水貂的营养需要。饲料的加工顺序，一般先动物性饲料，后谷物饲料，再青饲料，最后添加滋补饲料。其加工步骤分清洗、粉碎（绞碎）、搅拌3道工序。

待各种饲料加工好后，充分搅拌均匀方可喂貂。在搅拌过程中可适当加些水，一般加水15%，达到半流质或浆糊状即可。最后，由饲养人员分放于水貂食盘中喂给。大型的养殖企业一般配备喂食车，在配制鲜饲料时添加适量的饲料黏合剂，饲喂水貂时可以直接将鲜饲料放在笼子顶部。值得注意的是：水貂饲料应现加工现饲喂，以确保饲料品质新鲜，使貂群健康生长。

（2）配合干饲料：配合干饲料的配制原料与配合鲜饲料基本相同，但由于配合干饲料适口性较差，将其用于水貂饲养一直倍受争议。据报道，美国一些养殖场已经开始将颗粒状干饲料用于水貂饲养，但丹麦的养殖者对颗粒状饲料在水貂中的应用一直保持谨慎的态度。中国大型的养殖企业目前也都采用配合鲜饲料，部分小型养殖户会将配合干饲料添加到鲜饲料中饲喂水貂。在当今饲料原料短缺的形势下，配合干粉饲料逐渐显现出一定的优势，一些饲料企业也在着手水貂配合干饲料的研究和开发。

笔者通过实践经验并结合相关文献资料建议商品貂尽量饲喂配合干粉料，仔貂和种兽尽量饲喂配合鲜饲料。需要注意的是当饲喂干饲料时必须给予水貂大量优质充足的水。另外，如果在水貂哺乳期和从生长早期到8～10周龄这段时间喂养时，干饲料必须软化并用水混匀。

第四章　水貂繁育小窍门

一、水貂的繁殖习性

（一）水貂发情时的生理变化

水貂 9～10 月龄时性成熟，此时所有水貂在繁殖季节都能正常发情，性器官正常发育，完成配种。发情时主要表现为食欲下降，兴奋不安，常在笼内来回跳动，眼睛左顾右盼，一有动静就窜到笼网上，而在见到母貂的时候即表现出接近欲望。公貂在求偶期经常发出咕咕的叫声，并且在该时期都表现的非常温顺，睾丸明显增大、下垂、触摸时有弹性。在发情期睾丸迅速发育，附睾中形成大量精子，并且开始分泌大量的雄性激素。

雌性水貂生殖系统的变化时间基本与雄性水貂的相同，主要表现是子宫发生了一系列的变化，子宫重量迅速下降，生殖系统恢复原有状态，直到下一个繁殖季节。此时冬毛开始脱落夏毛长出，这表明了水貂的繁殖、换毛都与光周期的变化有着密切的关系。母貂发情一般是具有周期性的，配种期有 2～4 个发情周期，少数母貂出现 2 个或 5～6 个发情周期，一个周期一般为 6～9 天。此时，由于数量较多的滤泡成熟，大量分泌滤泡素作用于中枢神经和生殖器官，引起强烈性欲，母貂易于接受交配、排卵和受孕。间隔期一般为 5～6 天，此时母貂不易接受交配，即使强制交配，也不易排卵、受精。母貂在一个发情周期里，卵巢上有较多的卵泡发育，但能成熟排卵的有 8 个左右。其他卵泡在发育的不同阶段萎缩退化。每次卵巢排卵的总数是相对稳定的。

　　母貂发情（图4－1）时表现为食欲下降，表现的非常不安，发出"咕咕"的叫声，在笼内来回走动，捕捉时也很温顺，频繁排尿，频繁出入小室，有时在笼底爬行，磨蹭阴部。发情初期尿液呈深绿色且带荧光，以后逐渐变淡，交配时间以尿液呈淡绿色为宜。遇到公貂则表现的比较兴奋和温顺。此时，雌貂卵巢上也开始产生原始卵泡，数量逐渐增多，体积明显增加，阴道由上皮组成，有黏液，可观察到脱落上皮屑，子宫变粗，卵巢充血，有暗红色小粒状突出表面，初级卵泡开始形成成熟卵泡，最后产生大量成熟卵泡。并且伴有，阴毛逐渐分开；外生殖器逐渐肿胀；阴唇裂开，呈明显的两瓣，产生白色黏液，阴唇变为白色或粉白色；外阴部逐渐肿胀，呈明显的四瓣，产生大量白色或粉红色的黏液，随着发情的停止，外阴部肿胀消失、萎缩，阴毛合上，子宫重量也迅速下降，逐渐恢复原有状态，又进入了一个相对静止的状态直到下一个繁殖期为止。

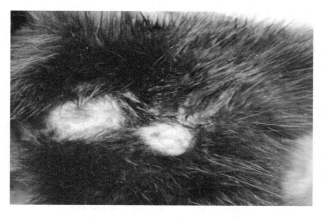

图4－1　发情期的母貂（岳志刚提供）

　　母貂在发情期还有一个特殊的变化，即在母貂阴道内有一个袋状结构。在阴道近子宫端的背面有一个半圆形的袋，此袋发情期深约5毫米，宽为6.5毫米左右，在妊娠后期，随生殖器官的变化而变浅，即深约4毫米，宽则7毫米。有研究经解剖水貂时发现，其在交配时可能具有固定阴茎，保证精液直接射入子宫内的作用。正是由于这一特殊结构的存在，导致目前为止无法对水貂顺利进行人工受精。

（二）母貂对于交配的公貂有选择性

有研究表明水貂还具有择偶行为，这在公貂和母貂中皆有发现。

（1）公貂的择偶行为，主要表现在发情期，将母貂放入公貂笼中，公貂对母貂不予理会，若母貂主动亲近公貂，还可能发生公貂咬伤母貂的情况。

（2）而母貂的择偶行为，则是当放到一只公貂笼内，其拒绝与公貂交配，当公貂咬住母貂颈部时，母貂会躲避、挣扎，甚至回头咬公貂；而放到另一只公貂笼时，则能顺利完成交配。有时需要换3、4只公貂才能完成交配。此时需要有耐心，不能随便让其交配或放弃让其交配。要耐心的试配最终达到效果，提高受配率，并且这样也能得到较好的后代。

（三）水貂的交配（图4-2）

水貂交配时，通常是公貂采取主动，骑咬住母貂颈部，爬跨于其上，前肢紧紧将母貂抱住，阴茎勃起然后插入到母貂的阴道内，阴茎骨钩钩住母貂阴道内的袋状结构，之后会发现公貂不断耸动肩膀，随后即会射精，这便认为完成交配。水貂交配时间短者为2~5分钟，长者可达数小时，一般为30~50分钟，配种后期交配时间较长。交配时间10分钟以上并观察到公貂有射精动作者均为有效。

　　研究表明，阴茎骨钩钩住母貂阴道袋状结构，对于水貂交配的顺利进行具有重要作用。因为，钩住时即使母貂挣扎，也会因为钩住造成的疼痛感而停止挣扎，直到公貂射精为止。而且钩住时，公貂的生殖道外口正对着子宫颈口，这样有利于公貂射精准确，能够直接射入子宫颈内。交配结束后，袋状结构包住子宫颈口，这样防止了精液外漏，免除了因此对水貂造成的不利影响。交配时，通过神经反射，神经冲动传递到下丘脑，下丘脑分泌促性腺素释放因子，其经脑垂体传递到达腺垂体，其又分泌促性腺激素，促性腺激素能促进卵泡迅速发育。

　　交配不是唯一的刺激，一些母貂被公貂追逐爬跨，甚至人的抓握就能引起排卵。受精是精子和卵子结合的过程。水貂精子和卵子结合的部位在输精管上段。受精过程的完成必须是在受精部位同时存在着有受精能力的卵子和有足够数量的活力强的精子。排卵后 12 小时左右，卵子就失去受精能力。

　　卵泡破裂时，卵子随卵泡液冲出，卵巢囊内的液体提供了运送卵子的介质。此外，输卵管上端的内壁上有许多纤毛，纤毛摆动形成流动波也有助于卵的运送。卵排出后到达输卵管上段，在受精部位的时间不到 12 小时。精子在公貂附睾内贮存时已开始成熟，但需到母貂生殖道内才能获能。公貂交媾射精后，精子靠自身的运动，并借助子宫、输卵管肌肉的收缩及上皮纤毛摆动，需数小时方能运行到受精部位。精子在母貂生殖道内有受精能力的时间为 48 小时左右，最长不超过 60 小时。精子和卵子在输卵管的受精部位相遇、结合，发生受精作用，形成受精卵。

　　水貂在周期复配时，所产的仔貂几乎都来自后 1 次交配的受精卵，而前次交配的受精卵很少能正常发育到出生。有人推测是由复配的交配动作使子宫肌频繁收缩，使处于游离期的前次交配产生的受精卵发生不易察觉的早期流产。

图 4-2　正在交配的水貂（岳志刚提供）

（四）母貂的妊娠

母貂妊娠天数个体间变动范围较大，多数是 40~55 天，少数短至 37 天，个别长达 91 天，平均为（47±2）天。而水貂妊娠期的长短与产仔数量有很大关系。一般妊娠期短的要比妊娠期长的产仔数量多。由于水貂具有异期复孕的生理特点，所以妊娠天数要从最后一次交配日期到产仔日期来计算。

母貂在妊娠时期，往往饮食量明显增加，活动量减少，喜好躺卧于笼舍内。在此时期，母貂比较敏感，突然的响动或声音等都容易惊吓到母貂，致使母貂流产。

（五）母貂的分娩

发育成熟的胎儿通过引阴道产出体外的生理过程称为分娩。临产前母貂身体发生一系列的生理变化，骨盆韧带松弛，子宫颈扩张，排除初乳。在催产素的作用下，仔貂从母貂的子宫中分娩出来，子宫肌因为发生剧烈阵痛而发生收缩。

水貂产仔日期，虽然每个个体都不同，但是，一般都是在 4

月下旬至 5 月下旬，5 月 1 日前后是产仔旺期。但是，由于个体原因或环境因素等，也有母貂提前或延后产仔的情况。实践经验表明，产仔期延后的母貂产仔数较正常的少。

在临产前，母貂即会拔掉乳房周围的毛发，露出乳头，以便哺乳。母貂临产前 2~3 天，粪便由长条状变为短条状。临产时活动减少，不时发出"咕咕"的叫声，行动不安，有腹痛症状，有营巢现象。产前 1~2 顿拒食。

母貂产仔通常发生在夜晚或清晨（图 4-3）。人工饲养的水貂，产仔多产于笼舍内的小室内。仔貂产出后，母貂即会咬断脐带，吃掉胎衣，舔干仔貂身上的羊水和窝内血迹。产仔过程一般 2~4 小时，快的 1~2 小时，慢的 6~8 小时，超过 8 小时则视为难产，这种情况较少见。

图 4-3　产仔后的母貂

人工饲养条件下，水貂平均每胎产仔 6 只左右，整个貂群平均育成幼貂为 4.5 只。金州貂场黑褐色水貂最高群平均成活 4.98 只，最低约为 3.65 只，基本可以维持到平均 4.5 只左右。根据水貂颜色不同产仔数也各有不同，银蓝色、咖啡色、米黄色、珍珠色与黑褐色相近，之后依次是丹麦深棕色、丹麦白色、吉林白色、蓝宝石色、青蓝色水貂，最低群平均育成水貂数约为3.5只。

二、配种技术

水貂母貂发情配种每年只有一次，时间性较强，要求较高，难度较大，耽误了时机就会出现空怀。要抓住时机，严格掌握母貂发情期，及时做好水貂配种，提高母貂受胎率至关重要。主要技术如下。

（一）发情鉴定

水貂发情鉴定主要以检查外生殖器官为主，放对试情为辅，并结合活动表现综合判断，通俗来说就是以"看、检、放"的形式进行。

看活动表现：公貂发情时，急躁不安，常徘徊于笼网内，食欲不振，常发出求偶的"咕咕"叫声，性情与平时相比较温顺。母貂发情时，有趋向异性的特征，精神兴奋，食欲减退，常在笼网内活动，有时在笼内爬立，或者腹卧在笼底，排尿次数明显增加，尿液呈黄绿色。

检查外生殖器的变化：发情公貂睾丸明显增大下垂，触摸时有弹性。母貂在发情前，挡尿毛成束状，阴门部被挡尿毛盖住。当发情时，阴门有明显的形态变化。一般根据阴门部肿胀程度、色泽以及黏液变化情况分为3期。发情前期，挡尿毛略分开，阴唇开始充血、肿胀，微外翻，呈白色或粉红色。发情中期，即发情旺期，挡尿毛明显分开，倒向两边，阴唇肿胀，突出或外翻，有的分成几瓣，呈乳白色或粉红色，黏膜湿润，阴门分泌有白色或黄色黏液。此时是水貂交配最适期。发情后期，阴唇肿胀，外翻开始消退，黏膜干涩，有皱纹，呈苍白色，分泌的黏液干涸成痂。个别发情母貂阴门无明显变化，称为"隐性发情"。

放对试情：当母貂阴门始终无明显变化时，将其放入公貂笼中。发情的母貂被公貂追逐时无敌对行为，并且互相嬉戏。当公貂爬跨时，尾巴翘向一边，温顺地接受交配。发情不好或未发情的母貂，抗拒公貂的追逐爬跨，攻击公貂头部，或躲在笼角站立，发出刺耳的尖叫声。如果出现此种情况，应立即抓出母貂，放回原来的笼舍观察，发情好时再试配。

（二）配种日期

水貂生殖器官的季节性变化与光照周期密切相关，由于各地纬度、气温、地形、水貂品种、营养状况等不同，其配种日期也不尽相同。水貂受精卵着床与光照周期密切相关。不论何时配种，受精卵都要等到春分日照达 12 小时方才植入子宫壁发育，配种结束越早，其受精卵在子宫内游离的时间也就越长，而使"妊娠期"延长。同时，受精卵的游离时间越长，死亡率也越高，这是配种结束早而产仔率和胎平均产仔数都较低的一个重要原因。配种结束过晚，虽无延长妊娠期之弊，但到后期由于公貂配种能力有所下降，同时复配结束的落点推到了水貂发情旺期之后，使母貂的空怀率增高，同样影响繁殖效果。

（三）交配次数

水貂是刺激性排卵动物，交配动作和类似的神经刺激是引起排卵的主要因素。水貂的发情、交配、排卵、休情，再次发情、交配、排卵的周期性可重复 2～3 次，即水貂在繁殖季节里有几个周期，而且在每个性周期中都有一批成熟滤泡。同时水貂又有重复交配、重复受孕的特点，在生产中利用水貂这一生理特点，采用 2～3 次复配的方法对水貂进行重复交配，以降低空怀率，提高产仔率和产仔数是可行的。

（四）　配种方式

由于水貂属于春季多周期发情，并具有某种强制性交配的特点，为了确保母貂受孕，就不能采用一次配种的方式，而应在初配后再复配 1~2 次。生产中所采用的配种方式大概有两种：周期复配和连续复配。周期复配即初配以后，间隔 7~10 天，在下一次发情周期复配 1~2 次。连续复配即一个发情周期内连日进行复配。有时间隔一日进行复配，叫做隔日连续复配。

有些母貂由于初配不顺利或初配后又急于复配而延长或缩短了初配和复配的间隔天数，形成不规则的 3 次交配，复配时间从 1~10 天不等。统计结果表明，初配与复配间隔在 2~6 天、7~9 天、10~12 天产仔率分别为 90.39%、93.25%、87.27%，胎平均产仔数分别达到（6.67±1.62）、（6.90±1.93）、（6.81±2.08）。以复配间隔在 7~9 天的产仔率和胎平均产仔数最高。

据多年实践经验，大部分场采用 1+8 的配种方式效果较好，即初配后间隔 8 天再复配。也有报道，对于发情早的母貂采用每日上、下午分别配种一次，间隔 7~9 天之后进行第三次配种方式产仔率也较高，各场可以根据实际情况，各种配种方式灵活结合运用。

（五）　放对方法

正确的放对方法是配种成功的关键。一般是将母貂放入公貂笼中，因为公貂熟悉自己的笼舍环境，可以减少交配的时间。当遇到公貂交配急切、行为暴躁的时候，也可以将公貂移入母貂笼内交配。抓貂的正确方法，是应当抓住水貂的颈部和尾部，不要抓水貂的胸部和腹部，以防损伤母貂的内脏器官。如果公貂在笼中拼命嘶咬，母貂尖叫、拒配，或公貂以头或臀撞击母貂，并将母貂往角落处挤，应该立刻抓出母貂，停止放对。水貂交配时，公貂叼住母貂后颈皮肤，用前肢紧抱母貂腹部。公貂下腹部紧贴于母貂臀部，腰弓成直角。公貂射精时，两眼眯缝，臀部用力向前推进，后肢微微颤动。母貂则两眼紧闭，时而发生低吟的叫声。在放对过程中，当公貂紧抱母貂，母貂先是很温顺，但突然高声尖叫，拼命挣脱时，可能是公貂阴茎误入母貂肛门，应立即分开。如母貂再放对时，应更换公貂或用胶布将肛门封上。交配结束后，必须及时将母貂放回原笼。

从标准的 2 周期 3 次（1 + 7 + 1）配种母貂产仔效果来看，由同一公貂复配和 2 只公貂复配母貂产仔率分别为 88.96%、92.13%，胎平均产仔数分别为（6.85 ± 1.83）、（6.72 ± 1.93）。异公复配的作用不大明显，同时这种配种方法系谱杂乱，给培育种兽带来困难，在单户小群饲养一般不能有计划的引进种貂情况下，对更新血液极为不利。在生产中掌握好母貂发情鉴定，并及时检查公貂精液品质，用同一公貂复配，同样可获得理想的效果。这样也便于精确制定系谱，确定仔貂之间的血缘关系，为来年配种提供防止近亲交配的有力依据。

（六）配种辅助措施

对于阴门封闭狭窄的母貂，可先用手轻轻拨开阴毛，然后用较粗滴管插入阴门，将阴门扩大后，选择配种能力强的公貂与其交配。对于交配时不抬尾的母貂，放对前后用细绳扎住尾尖，然后将细绳从貂笼顶端拉出，待公貂进行交配时，适当地用手轻拉细绳，以调整母貂后躯高度，使交配可以顺利完成。对于交配时腹卧笼底、后肢不站立的母貂，可用手或木棍托起母貂腹部与公貂交配。

对于外阴变化明显但抗拒、不接受交配的母貂，可抓住母貂，以辅助公貂交配。配种后期，当外阴部变化明显的母貂撕咬公貂时，可采用配种能力强的公貂交配，或用医用胶布缠住嘴和四爪后与公貂交配。

三、种貂日常饲喂管理

种貂的日常管理分为准备配种期、配种期、种貂恢复期 3 个阶段。

（一）准备配种期的饲喂管理

准备配种期是从 9 月至翌年 2 月，可细分为准备配种前期（9~10 月）、准备配种中期（11~12 月）、准备配种后期（翌年 1~2 月）。准备配种期的重要任务就是做好选种工作、调整种貂体况、促进种貂生殖系统的正常发育、确保种貂换毛与安全过冬。

1. 准备配种前期的饲喂管理：此时正是日照逐渐缩短的短日照阶段的初期。幼貂增长至体成熟，老幼貂夏毛迅速更换为冬毛，即秋季最为换毛明显的时期，也是水貂体内开始囤积脂肪利于过冬的抓秋膘时期。

（1）准备配种前期的管理工作：此期的饲喂管理主要是做好种貂复选工作。此时正是水貂秋季换毛明显的时期，水貂换毛的早迟和快慢是个体对日照周期变化敏感性高低的直观体现，并与翌年的繁殖力息息相关。因此，此时做好种貂复选工作是常年选种工作中很重要的一个环节。水貂的夏毛粗糙缺乏光泽，颜色也较浅和陈旧，而新生冬毛色泽深黑和艳丽。以尾尖、躯干两侧先脱换，而头部、尾根部较迟，鼻端、耳缘最后脱换。至 10 月中旬前正常换毛的水貂，周身夏毛应脱落完毕。

种貂的复选是根据生长发育情况、体型大小、体重高低、体质强弱、毛绒色泽和质量、换毛早迟等，对成年公貂和幼貂进行选择。一般选择生长发育好、体型体重在品种标准优等范围、体质强、毛绒色泽质量好，换毛早的公貂留种用。选择水貂公母比例为 1∶（3～4），公貂标准体重为 2 千克以上，不超过 2.5 千克；母貂为 1.2 千克以上，不超过 2 千克；水貂应健康好动，头体比例合适，头眼灵活，全身乌黑发亮，腹部没有有白色垂直线，没有白嘴巴，公母毛色要一致，绒毛和针毛齐全，绒毛要厚，针毛要长，吃料饮水正常，无掉毛和食毛现象，无咬尾病理表现健康无疫病。

种貂复选工作结束以后，种用貂要公母分开单独饲养。应将种貂集中到笼舍的南侧和双层笼舍的下列饲养，以便让种貂接受充足的光照。

（2）准备配种前期的饲养工作：准备配种前期全群正处于脱夏毛换冬毛时期，水貂性腺发育刚萌动，而种用水貂和皮用水貂在营养方面各有不同。种用水貂此期主要是增加营养，提高膘情，为安全越冬做准备。由于日照时间变短和气温逐渐下降，水貂食欲旺盛，为使种貂安全越冬并为性器官发育提供营养物质，应适当提高日粮标准和动物饲料比例，增加种貂的肥度。给种貂提供充足可消化的蛋白质和富含蛋氨酸和胱氨酸的蛋白质饲料。同时，要给予适量的可消化脂肪，每天每只貂最低应达 10 克以上，但不要超过 20 克。日粮标准：代谢能为 1 100～1 200 千焦，可消化蛋白 30～35 克，可消化脂肪 10～15 克，动物饲料为 70%，日粮量为 400 克左右。一般常供给的日粮是：动物性饲料 200～230 克、谷物饲料 20～25 克、麦芽 8～10 克、蔬菜 20～25 克、酵母 1～1.5 克、食盐 0.5 克。动物性蛋白应以海杂鱼为主，再适当搭配一些肉类及下杂；谷类饲料所含成分为：玉米面 70%、黄豆粉 10%、小麦粉或麦鼓 20%。除此之外，还应适当补充些骨粉。

种皮貂分开饲养以后，也要给予不同的饲料。对于当年幼种貂，生长发育尚未结束，所以，要给予全价蛋白质，以海杂鱼为主要动物性饲料的。另外，秋分以后，随着生殖器官的发育，应适时补充繁殖所必需的维生素饲料。

2. 准备配种中期的饲养管理：此时已经进入冬季，天气日渐寒冷。此时的主要任务是促进水貂冬毛成熟，促进性器官的迅速生长发育，保持种貂的良好体况，安全越冬。饲养管理上主要采取如下措施：

（1）认真做好种貂精选工作：此时对冬毛尚未达到完全成熟和食欲不佳、患病而体质瘦弱的个体一律淘汰。应对种貂逐只进行生殖器官形态检查，触摸公貂睾丸，发现单睾、隐睾，体积太小而发育不良者及时淘汰取皮；检查母貂阴门，发现阴门位置离肛门太近或太远，阴门口狭小或扭曲等畸形者，要及时淘汰取皮。

在屠宰取皮前，根据水貂的毛绒品质，即颜色，光泽，针、绒毛长度和细度，底绒丰厚程度，以及体型大小、体重高低、体质类型、体况肥瘦、健康状况、繁殖能力、系谱和后裔鉴定等综合指标，逐个对种貂进行对比，选优去劣。优的留作种用，对选定的种貂，要统一编号，建立系谱，登记入档。而劣质的则被当做皮貂屠宰取皮。种貂的性别比例因色型而异，一般标准貂公母 $1 : (3.5 \sim 4)$，白彩貂 $1 : (2.5 \sim 3)$，其他彩貂 $1 : (3 \sim 3.5)$。种貂群的构成，因为成年貂的繁殖力强，所以，成年貂占 70%左右，当年生种貂不宜超过 30%，这样有利于稳定地生产。

水貂的选种工作主要根据个体鉴定、家系鉴定、系谱鉴定 3 方面进行。

个体鉴定：适合于遗传力高的性状选择。因为遗传力高的性状通过表型就能充分反映基因型的性状，并且这种性状受环境影响小，所以可以直接通过表型去选择。这样的性状有水貂的体重、体长、毛绒长度和密度，毛色深度及白斑大小等。但对于遗传力低的性状则不适于这种方法。

家系鉴定：适用于遗传力低的性状选择，即根据同胞和半同胞群体的表现平均值进行选择。家系鉴定在水貂窝选时有重要意义，同时也要考虑各家系受环境的影响程度。

系谱鉴定：即根据祖代和后裔的品质、性能对水貂进行性状的鉴定。必须以亲代的性状为主。对子一代的表型鉴定可以进一步了解亲代的遗传特性。对于质量性状，可以根据亲代和后代的表现型，了解它的基因型，从而对优良性状进行有效的选择，同时也可以对有害基因加以淘汰。而对于数量性状，对祖代和后裔的鉴定只能参考。

（2）保持种貂良好的体况：11～12 月主要是维持营养，调整膘情，各地因气候稍有差异，例如，冬季寒冷的北方，应当向上调整膘情，防止过瘦，以利用种貂抗御冬季严寒；在冬季不太寒冷的地区，则应向适中体况调整，防止出现过肥过瘦的两极情况，所以要因地各异。此期间，对取皮工作和种貂的管理均要重视，不重视种貂的管理会对明年的生产产生不良影响。饲养上，日粮的营养标准和饲料的配合比例同准备配种前期。此期混合饲料喂给量可视种貂肥度较准备配种前期略多，日粮平均喂给量450 克左右。

（3）垫草保温，安全越冬：在入冬前向种貂小室中絮入干燥的防寒垫草，通过垫草保温减少种貂抵御严寒的热能消耗，减少疾病的发生，利于安全越冬。要注意经常检查小室中稻草的情况，及时添加稻草，并保持小室的洁净。因为水貂在寒冷的季节最怕小室污秽潮湿，在这样的不良环境中，易患呼吸道等疾病，还增加其抗寒的热能消耗，不仅造成饲料的浪费，又易造成水貂体质消瘦而影响健康。

3. 准备配种后期的饲喂管理：此时的主要任务是调整种貂的体况，促进种貂性成熟和发情，为配种做好准备。种貂准备配种后期的体况调整，对提高繁殖力具有重要的作用和意义。只有健康的体质、适宜的体况，才能最大潜能的发挥较高的繁殖力，过肥或过瘦的体况都会影响种貂的繁殖。一般公貂适于中等略偏上，母貂适于中等略偏下。

（1）调整种貂的繁殖体况：体况的鉴别方法如下。

① 体重指数测定法：先将水貂保定，放在平面物体上，使其躯干平顺延伸，在鼻端和尾根处用粉笔画点标记，再测量两点之间的直线距离，即为体长（单位：厘米）。再称量水貂的活体体重（单位：克）。利用以下公式计算其体重指数。实践证明，体重指数在 24～26 为适宜的繁殖体况。

体重指数 = 体重（克）/ 体长（厘米）

虽然体重指数测定法更科学、准确，但是对于养殖数量大的养殖场来说，工作量巨大、费时费力。故在生产实践中常以经验者目测法鉴别。

② 目测法：此法简单易行、效率高。方法就是用稻草之类逗引水貂在笼子的前壁笼网上立起，两后肢呈自然的分开状，此时透过前壁笼网的间隙，目视水貂的下腹部和腹股沟，以其肥胖程度来鉴别体况，可以将种貂分为肥胖、适中和瘦弱 3 种体况。种貂躯体圆胖丰满，腹围大于臀围，后腹部圆凸甚至脂肪堆积下垂、行动笨拙、反应迟钝被称为肥胖型体况；种貂躯体匀称、清秀，腹围和臀围平齐或略小于臀围，腹部平展或略显有沟，后腹部略丰满，但平而不向腹股沟部下垂，躯体前后匀称，运动灵活自然视为适中型体况；种貂躯体瘦细，多数弓腰而弯曲，腹围明显小于臀围，后腹部收缩，腹股沟部凹陷成沟形，多跳跃式运动，采食迅猛视为瘦弱型体况。

（2）调整种貂繁殖体况的方法

群体调整：在准备配种后期，将全群种貂体况调整到全群基本一致的水平。技术人员从 1 月初开始视不同群体的肥瘦情况，分别减加饲料量。对于需要减肥的群体，使种貂在喂前 1 小时左右都有饥饿感，从而绝大多数都在笼内来回蹿跳运动（图 4 - 4，图 4 - 5）。这样可以通过增加运动锻炼体质和逐渐减肥。群体体况调整应平稳而循序渐进的进行，忌用严厉饥饿的应急减肥方式，以免影响种貂的健康。对于体况偏瘦的种貂群，要增加日粮中的优质动物性饲料和总饲料量，使其吃饱，同时给足垫草，加强保温，减少能量的消耗。

个体调整： 由饲养员负责完成。1 月初饲养员应对全群个体在其小室箱上做好体况标记。以后至少每周检查一次。过肥的种貂除少给饲料外，还可以减少小室垫草或短期将其关在运动场内，通过加大热能消耗而达到迅速减肥的目的。对于偏瘦的种貂，要加大饲料量，在机械喂食的情况下，要在均一打食之后，再给其增加饲料量。对于因病消瘦的种貂，要及时查明病因，治疗后增肥。每天早晨上班的时候观察种貂的体况，以便及时调整措施。

水貂是毛皮动物，所以体况调整即减肥时期，一定要注意毛绒的光泽，如毛绒失去光泽，被毛粗糙，说明是营养不良的表现。由于运动量的增加，渴欲增强，故应保证其洁净饮水的需要。

（3）促进种貂发情，增加异性刺激：准备配种后期正是种貂性器官和生殖细胞（精子、卵子）全面迅速发育，直至成熟和发情的时期。所以此期饲料的质量要相对提高，需要全价的蛋白质和多种维生素。如果饲料中的蔬菜量大为减少，还应增加维生素 C 的投给量。为了提高种公貂的精液品质，应补饲部分全价蛋白质饲料。动物性饲料占 75% 左右，而且由鱼类、肉类、内脏、蛋类等组成，谷物饲料占 20% ~ 22%，蔬菜可占 2% ~ 3% 或更少。此外，每只每天还应该供给鱼肝油、酵母、麦芽、大葱等等。饲料总量约为 250 克，蛋白质含量在 30 克左右。

图 4 - 4　正在玩耍的母貂（1）

图 4 - 5　正在玩耍的水貂（2）

　　为了促进水貂发情，饲料中每隔 2~3 天投喂 1 次少量的葱、蒜类有刺激性气味的饲料（每只 1~2 克）。1 月下旬和 2 月中、下旬，应对全群种貂逐只进行发情鉴定检查，检查后将部分公、母貂交换笼舍，穿插排列，也可用串笼将发情好的母貂放入公貂笼内，或将其养在公貂邻舍，或抓住母貂在笼外逗引公貂，也就是通过视觉、嗅觉、听觉等相互刺激促进公貂发情。这种刺激不宜过早开始，否则会过早降低公貂食欲和体质。

（4）配种计划的制定：制定好配种计划：一是检查种貂系谱，防止近亲交配，使每只母貂有2只没有血亲关系的公貂与之搭配；二是制定配种方案，公貂毛绒品质优于母貂，公、母貂毛色尽量一致，公、母貂体型一致，最好大体型相配或大体型公貂配小体型母貂，小貂可从中选留来年作种貂，为清楚谱系，应由同一公貂交配。

配种计划的制定要根据本场的貂群情况进行制定，有品质选配、杂交繁育等。

①品质选配：品质选配分为同质选配和异质选配。同质选配就是选择在品质和性能方面具有相同有点的个体交配，以期在后代中巩固和提高双亲所具有的优良特征。它既可以获得与近亲交配相似的效果，又可以避免近亲交配所出现的衰退现象。在同质选配时，原则是在主要性状尤其是遗传力高的性状上，公貂的表型值不低于而要高于母貂的表型值。这样才能使有益的经济性状在后代中得以积累和扩大，而且逐代提高。同质选配常用于纯种繁育与核心群的选育提高。

异质选配就是选择在品质和性能方面，具有不同优点的个体交配，以期在后代中用一方亲本的优点去改良另一亲本的缺点，或者结合双方的优点创造新的类型。结果类似于杂交。异质选配的原则是：在质量性状上，只能用一方亲本的优点去纠正另一方的缺点，而不能用同一性状相反的缺点去相互纠正。在水貂生产中，常采用群体选配，即把优点相同的母貂归纳为几类，为每类母貂选择适宜的公貂类型，共同组成一个选配群体，在群内根据系谱检查进行交配。

②杂交繁育：杂交就是采用两个以上具有不同遗传类型和不同优良性状的水貂相交，也称为远交。杂交后代由于基因的杂合性增加，能遗传双亲不同的基因型，获得杂种优势。杂交后代一般适应性强、繁殖成活率高，生长发育快等特点，这种杂交优势在杂交一代中表现明显，以后则会逐渐减弱。目前，世界上缤纷多彩的数十种彩色水貂就是通过杂交分离得到的。

（5）做好配种的准备工作：1 月 30 日有发情表现的母貂达全群母貂的 90% 以上时，才证明准备配种期饲养管理正常。如发情母貂少于这一比例，应及时查明原因，加强饲养管理。2 月应制定好水貂配种方案及各水貂群种貂选配计划。配种期所需配种登记表及各种物品，如捕貂网、捕貂笼、捉貂用的棉手套，以及显微镜及其他用品等也应准备齐全。搞好饲养人员的技术培训和劳动组织安排工作。

（二）配种期的饲喂管理

3 月是水貂的配种期。各地因气候原因稍有差异。此期除按配种方案要求落实和做好水貂配种的各项技术环节工作外，饲养管理上的主要任务是：维持公貂的体况，提高其交配能力和精液品质，继续保持和控制种母貂的体况。

1. 配种期的饲养

（1）进种公貂采食，防止体况急剧下降：水貂在配种期由于性活动加强，食欲下降，营养消耗较大，尤其是公貂更为突出，容易造成急剧消瘦而影响交配能力。所以，在饲料上应加强饲料的加工和调制、提高蛋白质的含量、增加饲料的适口性。故对配种公貂于每天晚饲中补加牛奶、肉、蛋、肝类饲料，并添加维生素 A 和维生素 E。日粮平均饲喂量 260 克左右。

（2）保持母貂的繁殖体况，防止发生过肥或过瘦的现象：

配种期种母貂消耗体力不如公貂那么大。交配受孕后，由于胚泡处于滞育期，受精卵并不附植和发育，营养消耗也不增加。因此，配种期仍应保持其准备配种后期即配种前的体况，防止发生过肥或过瘦现象，尤其不能使母貂的体况偏肥，否则在妊娠期内不利于为其增加营养。如果配种期种母貂体况偏肥，则妊娠期必然形成过肥体况，这对提高繁殖力很不利的。

配种期早饲一般在配种后 1 小时（上午 8：00 左右）进行，晚饲在 15：00 进行；有的地方只是上午饲喂一次，上午 10：00 左右。根据各场情况而异。

（3）保证充足和洁净的饮水：必须保证水貂有充足而清洁的饮水，特别对配种结束后的公貂更为需要。除常规供水外，放对的前后还要各增加 1 次饮水。

2. 配种期的管理：配种期是水貂养殖过程中最为繁忙和紧张的时期，也是养殖效益的关键时期。此时的饲养员的工作量也是最大的，所以要每天安排好饲养员的工作计划，确保配种工作稳中有序的进行。

（1）水貂放对需要在凌晨较寒冷的时候起早进行，所以工作量很大又很辛苦。配种期应讲究提高劳动效率，要按母貂发情时间顺序，于头一天做好次日的种貂放对安排。放对过程中严防跑貂，尽量缩短放对配种的有效时间。放对结束和完成必要的饲养管理工作后，除值班人员外，全场其他人员一律撤离，给种貂创造一个安静的环境，在保证人员休息的同时，也保证种貂的疲劳恢复。初配阶段每日上午只放对 1 次，复配阶段有必要放对两次时，两次放对时间间隔至少在 4 小时以上，不能频繁放对，同时防止母貂被咬伤。

（2）精液检查：对于种公貂一定要进行精液检查，以便对它进行合理的利用。对于精液品质不好的公貂要淘汰，不要用它再配母貂，防止出现空怀，降低生产效益。

　　精液检查在初配时一定要对每只公貂都进行，需要一台显微镜、吸管、生理盐水、载玻片、吸水纸等。精液检查室的室温最低在15℃以上，有条件的应该在室温20℃的环境下进行，因为温度过低精子活力低甚至看不到活得精子。将刚刚被公貂爬跨交配的母貂用串笼取出，先用载玻片在母貂阴门处轻轻蘸取一点精液，蘸取时力度要适中，涂层要均匀，多余的液体要轻轻甩掉，放在显微镜下看；如果两次涂片效果不好，就用消毒过的吸管插入刚配完的母貂阴道内，吸取少量精液，涂在载玻片上镜检。对那些有怀疑的公貂要反复检查。

　　主要检查精子的有无，活力和形态、密度等情况。正常的精子呈直线运动，形状似蝌蚪。无精、死精或精子畸形、精子呈螺旋运动的，都属于品质不良。对于这样的种公貂要淘汰。精液检查在显微镜100～400倍下进行，如果显微镜下有80%以上精子，且大部分精子呈直线运动，几乎没有死精子，定为"优"；如果有50%以上的正常精子，极少部分精子在原地运动或有个别死精子，定为"良"，如果有50%以下直线运动的精子，或是精子密度虽然较大，但有大部分死精子的定为"可活"。"无精和死精"是指在一个视野中无精子或者全部都是死精子。据报道，在现场进行精液检查时，只要"可活"就达到了的标准。值得注意的，在大群配种的时候，不是一只配完马上就能检测，遇到多的时候要排队，这样在早晨由于室温低，精液在阴门处停留时间长，大部分已经死亡，就得用吸管吸取阴道内的检测。

　　经过几次检查，当发现有大量死精子、畸形精子的公貂时，要淘汰此公貂，并将它交配过的母貂送予其他镜检合格的公貂。对有镜检结果不确定的公貂，在复配的时候要再检查一次。

　　造成水貂空怀的原因很多，有种公貂的原因，也有母貂的原因，种公貂无精子或者死精子是其中的因素之一，精液检查是水貂生产中一项重要工作，做好精液检查是提高水貂妊娠率和产仔率的关键环节，如果采用同一只公貂复配，可降低母貂空怀率17.55%，能有效提高水貂的繁殖率。

（3）合理利用种公貂：因个体差异，种公貂的配种能力相差很大。一般公貂在一个配种期内可以交配10~15次，为了保证优良种公貂在整个配种期内充分发挥作用，要合理地有效地利用。初配阶段公貂一天配一次，初复配并行的情况下，每只公貂可以一天配两次。一天配一次可以不安排休息，若是连续两天交配3~4次的，必须休息一天。整个配种期内每只公貂的交配次数最多不要超过20次。

当年公貂：在管理上，对当年的公貂配种调教要十分耐心。由于它不善于捕捉叼衔母貂，若第一次就给发情差的母貂进行配种，必将遭到拒配，会造成公貂胆小怕配或厌配现象。所以，必须掌握好每只公貂的特性，排除一切不利因素，种公貂在第一次配种时，要选择发情好、性欲高、性情温顺的母貂作配偶。千方百计促使初配成功。注意不要频繁更换配偶，为使公貂在光线较暗的小室内交配，室内的垫草应当清除，只要第一次交配成功，以后配种就容易了。

成年公貂：成年公貂经多次交配后，具有交配经验，但应注意在初配阶段不能滥用，让种公貂保持足够的精力，以适应配种旺盛期的配种需要。

肥胖公貂：肥胖公貂一般发情较晚，配种前期配种能力差，在爬跨母貂几次后，易出现气喘无力状况，对这种肥胖公貂不要操之过急，可待体重下降后，再发挥其配种能力。

瘦公貂：瘦公貂性欲较旺盛，配种初期有较强的配种能力，但不能持久，如果采取连续配种，公貂体质就会迅速出现衰退从而增加其他公貂的配种负担。为此，对体况过瘦的公貂，应当注意增加营养，初期少安排配种次数，待体质好转后再适当增加配种次数。

（4）识别真配与假配：真配的表现是：公母貂都很老实安静，公貂在其射精时，公貂两眼眯眯，臀部频频用力向前抖动；而母貂却时时发出低微的呻吟。配种结束开对后，母貂的外阴部高度充血、肿大、发红、阴毛潮湿。公貂出现口渴欲饮，公貂则此时往往舔自己的外生殖器，随即进入小室内休息。假配的现象是：公貂虽然出现爬跨母貂，并且表现出交配姿势，但实际上公貂阴茎并未插入母貂的阴道内，此现象为假配。在假配时公貂后躯弯度不大，经不起母貂的移动，阴茎露于母貂的体外，精神表现不够集中，两眼发贼，并无射精动作，稍有恐吓即行开对。开对后抓住母貂，观察母貂的阴门部，此时阴门部若无血变化，则为假配。另外，还有个别公貂阴茎插入肛门造成误交。母貂因受阴茎骨的刺痛而用力挣扎、尖叫，此时需要马上将公、母貂分开。

（5）注意观察、安全配种：水貂交配完成开对后，公母貂往往互相斗咬，所以，应当及时将母貂送回原笼饲养。同时，公貂配种后易出现口渴，应当稍待片刻后供给饮水，以确保其健康。由于对发情鉴定不准、母貂无配偶要求、或因择偶不当、公母貂彼此互不喜欢对方，在遇到此种情况时，要注意和防止公、母貂相互撕咬而受伤。

（6）注意跑貂：应加强笼舍检修和加固工作。场内多设置捕貂网、串笼，以便及时捕捉跑出的种貂。在发情检查和放对的操作中亦应防止跑貂和错捉错放。放对时种貂的号牌应同时携带。

（7）认真做好配种记录和登记：水貂放对时，要及时做好配种记录，记录交配母貂与公貂的号牌、交配日期、公貂精液质量情况等。水貂的配种记录是种貂系谱的重要依据和档案。应及时、准确的做好记录、登记、统计和归档工作。

（8）配种工作注意事项：放对过程中，不可以强制放对交配，母貂发情具有周期性，只有在发情交配，才能受孕。如果在发情前期，追求交配进度，强制水貂交配，很容易造成水貂受伤、失配甚至死亡，即使配上也是很难受孕。

母貂具有刺激性排卵的特点，除交配刺激外，频频放对、公貂追逐爬跨等因素，亦可以诱导其发生排卵，在配种工作中不要频频放对，这样会干扰排卵，影响受孕产仔。另外，饲养人员在抓貂放对、精液检查的时候也要注意不要被貂咬伤。

（9）做好配种结束后的收尾工作：配种工作全部结束后，应及时根据精液检查情况、配对情况对种公貂进行筛选。对交配能力低、精液品质差和有撕咬母貂恶癖的种公貂，及时屠宰取皮，以降低饲养成本。对准备翌年继续留种的优良种公貂，则应加强饲养管理，促进其体况的恢复。日粮供给仍按配种期的标准，待体况回复后转为静止期的饲养。

另外，每天配种工作、喂食结束后，尽量全场不相关人员不要到栋舍内大声喧哗，要让水貂得到充分的休息、体力尽快恢复。

（三）种貂恢复期的饲喂管理

1. 种貂恢复期饲喂管理的重要性：种公貂从配种结束（3月下旬）至秋分前（9月下旬）及母貂从断乳（6月下旬）至秋分前为恢复期。种貂尤其是种母貂经产仔泌乳以后，身体的营养经剧烈的消耗，一般都变得瘦弱和营养贫乏。尤其是高产母貂，甚至出现授乳症的症状。这时是母貂抵抗力降低，易患各种疾病的脆弱时期。如果饲喂管理得当，这些种貂的体况恢复变得迅速，秋季换毛及时，则可保证翌年的再利用。这对组建以成年种母貂为主的繁殖群结构，确保繁殖力的逐年提高或稳定在比较高的水平，是非常有利的。如果饲喂管理不当，种母貂体况恢复得不好，秋季换毛时间推迟，即使当年繁殖成绩较好的种貂，翌年也将出现发情推迟、繁殖力降低或丧失的不良后果。故种貂恢复期的饲喂管理，涉及到翌年种用的价值，千万不能掉以轻心。

2. 初选、淘汰种公貂和种母貂：种公貂于配种结束后进行严格初选。凡淘汰的母貂，集中于 6 月上旬埋植褪黑激素，以期在 9 月底至 10 月初提前取皮。初选合格的种貂，则集中在一起，转入恢复期的饲喂管理。

3. 种貂恢复期的饲喂管理：种貂恢复期的营养标准不宜马上降低。核心群公貂随母貂繁殖期的日粮营养标准，饲料供给量较母貂增加 1/3 ~ 1/2；母貂则随幼貂育成期的日粮营养标准，不控制饲喂量。刚刚断乳的母貂，如乳房仍较膨大充盈，应在断乳的第一周内少喂一些饲料，以防瘀滞性乳房炎发生。种貂恢复期身体虚弱，易患各种疾病，要搞好环境卫生，预防疾病发生。注意发现患病的种貂，及时治疗。母貂断乳后思仔心切，要加强笼舍维修，严防跑貂。

（四）妊娠期的饲喂管理

1. 妊娠期的生理特点：母貂受配怀孕到分娩产仔这段时间成为妊娠期。水貂的妊娠天数在个体间变动范围极大，其原因主要是水貂具有胚泡滞育期这一生理特点的结果。

水貂的妊娠分为 3 个阶段。第一阶段为卵裂期，是卵子受精后，经 5 ~ 6 次分裂形成桑葚配并继续形成胚泡的阶段。一般为 6 ~ 8 天。第二阶段为滞育期，是胚泡在子宫角内游离而未附植阶段，一般为 6 ~ 30 天；第三阶段为胚胎期，是胚泡在子宫角内附植并迅速发育至胎儿成熟的阶段，通常为 30 天左右的时间。水貂胚泡附植的时间大多集中于 4 月初以后，而胎儿迅速生长发育的时间是在 4 月中旬以后。因而 4 月上旬前营养需要并不需要明显增加，从 4 月中旬开始营养需要增加。

2. 妊娠期的饲喂：水貂妊娠期，尤其是胎儿发育期营养需要增高，除了满足自身生命活动和胎儿生长发育的需要之外，还要为产后哺乳积存一部分营养，因此饲料的供给要分阶段地调整。

（1）日粮的配合：妊娠前期即 4 月上旬前，因妊娠母貂营养需要不必增加，故仍采用配种期的日粮标准。4 月中旬以后采用妊娠期的营养标准。平均饲喂量 350 克。

（2）饲料质量和加工要求：妊娠期水貂抵抗力较低，极易患消化道疾病。因此，要严格把好饲料关及其加工的质量关。妊娠期水貂的饲料要做到：品质新鲜、种类稳定、营养完全、适口性强。

①品质新鲜：妊娠期饲喂给的饲料必须保持新鲜，冷藏的肉鱼类饲料贮存期不宜超过半年时间，谷物饲料决不能有发霉的现象，蔬菜亦不能有轻微的腐烂和变质。绝对不能饲喂腐烂变质、酸败发霉的饲料，否则，必然造成拒食、下痢、流产、死胎、烂胎、大批空怀和大量死亡等严重后果。这个时期还要特别注意沙门氏菌和弯曲杆菌，因为它们能引起孕貂流产。一般不要使用内脏和在屠宰场地面收集的血液及被排泄物污染的副产品以及看起来或闻起来不新鲜的任何可疑的饲料成分。使用家禽和屠宰副产品时，其细菌污染的危险性非常高，所以严格检测这些饲料质量非常重要。将日粮中总的细菌含量减到最少，降低对母貂免疫系统的挑战，也有助于降低母貂子宫炎的发生率。子宫炎能导致母貂健康指数下降和产仔兽数减少。

妊娠期绝对不能饲喂含激素过高的动物性产品，如难产死亡的动物肉、带甲状腺的气管和用雌激素化学去势的畜禽肉及下杂等，因其中含有的催产素和其他激素会干扰水貂正常繁殖或导致大批流产。

②种类稳定：应当制定和落实水貂妊娠期所用饲料的采购计划，各种饲料的数量和质量要保持稳定。否则，饲料种类或质量

的突变，会影响种貂的食欲和采食，对妊娠造成不良的影响。

③营养完全：水貂妊娠期由于胎儿的生长发育，必须提供全价的营养来支持胎儿的生长和防止流产。动物性饲料中除了海杂鱼之外，还必须提供部分肉、蛋、乳、血、肝等含有必需氨基酸的全价蛋白质饲料，并添加各种维生素和微量元素类饲料。据测定，每千克饲料应含可消化蛋白质至少 250 克、维生素 A 1 000 国际单位、维生素 E 5 ~ 10 毫克、复合维生素 B 3 ~ 6 毫克、维生素 K 2 ~ 4 毫克单位，同时要添加适量的矿物质。

④适口性强：通过饲料品种的筛选，保证品质新鲜和精细的加工来增强饲料的适口性。如发现种貂食欲不佳，应马上查明原因，及时调整。

饲料的加工调制在妊娠期更要加倍精心，保证饲料品质的新鲜，各种饲料称量要准确，添加饲料要搅拌均匀。金州水貂场添加维生素制剂是滴加在每个种貂饲料的上面，虽然饲养上比较麻烦，但却保证了种貂需要量。要重视饲料室的卫生管理，加工器械及时洗刷消毒，防止病原微生物的污染。

⑤供给清洁的饮水：水是维持水貂体内生理反应的良好媒介和溶剂，参与体内的物质代谢水解、氧化、还原等生化过程，据统计，1 立方米的的水貂体表面积需要 1 435 克水，水貂从饮水中得到的水占 14%，从饲料中得到的水占 66%，另外的 20% 从蛋白质、脂肪、碳水化合物分解时得到，水在消化道中主要是由大肠吸收，只有少量的水从粪便中排出体外，体内多余的水分代谢废物时通过肺、肾及皮肤的生理活动而排出体外。供给清洁的饮水不仅是维持生命的正常代谢需要，还是促进排泄、防止传染病的有效措施，应引起饲养人员的重视。

一旦按照饲养标准结合天气和体况制定了日粮配方，并在该配方指导下加工调制好日粮，就要保证水貂能够吃进去。如果到下一次饲喂时大部分饲料还没吃完，水貂体况又不胖时，就要对配方、饲料原料、加工方法和饲喂各个环节进行检查。假如饲料冻结在笼网上，应该将饲料调制得更稀一些，以便饲料能压到笼网下。加一点植物油类的脂肪将有助于饲料的流动要在下午温度最高的时候喂食，以减少貂食冻结。

3. 妊娠期的管理：

（1）给妊娠母貂创造一个安静的生活环境：水貂进入妊娠期以后，行为变得安稳，经常仰卧于笼网上晒太阳，喜静厌惊。此时最怕外界干扰，烦躁嘈杂的噪音影响胎儿的生长发育，而且突然的惊响会引起母貂应激反应，严重的可能引起流产。故应尽量给妊娠母貂创造一个安静舒适的环境条件。饲养管理操作时，应尽量避免大的声响或噪音刺激，谢绝外来人员参观。

母貂怀孕期间，谢绝参观是预防传染病的最好措施之一。特别是在春季，气温忽升忽降温度不恒定，流感病毒、巴氏杆菌、多杀性巴氏杆菌及痘病毒都可能随着进出外来人员传染。

（2）加强对妊娠母貂的观察：饲养人员进入场内工作的第一件事，就是对全群母貂逐一地观察。查看母貂采食、饮水情况，以判断出它的食欲。排便情况和精神等是否正常，及时发现患病母貂。如个别母貂出现异常现象，应查找原因并对症处理。如全群母貂普遍出现异常情况，应及时报告场里，马上采取相应的技术措施。妊娠母貂最怕出现消化不良和肠炎的症状，即使有轻微的苗头，也不能掉以轻心。

（3）继续控制种母貂的繁殖体况：妊娠期母貂如果不注意控制体况，很容易将母貂养肥，因此，必须分阶段地控制种母貂体况。4月上旬前种母貂仍维持配种的体况，即寒冷地区（北纬40°以南）维持中等略偏下的体况；至临产前不论寒冷地区还是较温暖地区都要达到中等或略偏上的体况，这样才有利于发挥其高繁殖力。切忌在临产前把妊娠母貂养成上等体况，否则胎儿发育大小不均，难产增多，母貂产后无乳或缺乳，严重影响产仔和仔貂保活。

（4）适当地增加光照：妊娠期已转入长日照时期，此时适当延长光照时间或增加光照强度，对水貂繁殖是有利的。因为光通过视神经发射到大脑中枢后，能增加下丘脑促黄体释放激素的活性，促进垂体促黄体激素的分泌，增加卵巢黄体孕酮的产生和分泌，能促进胚泡极早着床发育。因而能够缩短妊娠期，提高产仔率。

在水貂生产中，人工控制光照具有非常重要的意义。在自然条件下，水貂一年生产周期为 360 天，其间包括：生殖系统发育成熟 160 天，配种 20 天，妊娠 30 天，产仔泌乳 60 天，成貂恢复和仔貂育成 90 天。这个周期是以秋分划分的。如果模拟自然日照周期的变化规律，采取人工控制光照的措施，提前 70 天即在 7 月 15 日就给予水貂"秋分"的信号，并按照预定方案继续控光，那么上述各阶段都会依次提前，最后完成这个生产周期的时间可以缩短为 290 天。如果在以后的每个生产周期都给予"秋分"信号继续控光，那么会在 4 个生产年度之内完成 5 个生产周期，从而多获得一个生产周期的经济效益。

提前给予水貂"秋分"信号，并继续控光，实际上是把仔貂育成的一段时间，同换毛长绒期和准备配种前半期重叠起来，因此，它的新陈代谢水平必然提高，在饲养上必须给予丰富的饲养条件以满足营养需要。

（5）做好记录：记录母貂的体况、最后一次交配时间、公貂品种、外表特点、体重、体长、食料量，母貂饲养的笼舍编排号码、采食量等项体征也要记录清楚。

（五）产仔泌乳期的饲喂管理

母貂产仔到仔貂断乳分窝为产仔泌乳期，这个时期是水貂一年中最忙的时期，这段时间的饲喂管理应该更加细心，仔细观察各方面情况的变化，并根据变化及时采取相应措施，为水貂的生长发育提供适宜的生活环境。

此期的饲养管理的中心任务是确保仔貂成活及正常的生长发育，达到丰收的目的，取得良好的生产效益及经济效益。因此，在饲养上要全价营养，使母貂能分泌足够的乳汁，在管理上要创造良好、舒适、安静的环境。

1. 产仔泌乳期的生理特点：产仔母乳期一般为4月中旬至5月中旬，水貂泌乳期一般人为限制在40日龄内，分窝离乳多在6月上旬至7月上旬，这是母貂因哺乳仔貂，营养消耗最大，体况逐渐消瘦。

此期饲养管理的中心任务就是保证哺乳母貂的营养需要，提高母乳的产量和质量，提供仔貂赖以生存和生长发育的环境条件，最大程度地提高仔貂成活率。

2. 产仔泌乳期的饲养：母貂产仔后因哺乳母貂的需要（图4-6），新陈代谢水平加大，营养需要和消耗明显增加。据报道，母貂产后1~10天日平均授乳量28.8克，10~20天为32.2克，为保证母貂的营养需要和乳汁的质量，防止其体重过度下降，水貂对蛋白质、脂肪、矿物质、维生素等营养物质的需求非常迫切。

日粮配合必须具备营养丰富全价、饲料新鲜而稳定、适口性强而易于消化的特点，母貂日泌乳量可按1 003.2~1 086.8千焦供给，仔貂所需的部分另外增加。日粮中得鱼、肉、肝、蛋、乳等动物性饲料要达到80%以上，谷物饲料可占18%~20%，蔬菜可占1%或不喂。此外，每天要补喂维生素和矿物质，每只母貂每天还应补加鱼肝油1~1.5克，酵母6~8克，骨粉1克，食盐0.6克，维生素C 20~30毫克。

母貂产仔后不再控制其体况，亦不再控制饲料量。还应促进其食欲，让哺乳母貂多采食饲料。整个哺乳期内每只母貂日均供応饲料量一般要达到 500 克左右。

图 4-6　正在休息的哺乳期母貂

3. 产仔泌乳期的管理：

（1）保证饮水：值班人员每 2 小时巡查一次，及时发现母貂产仔，在小室上标记产仔时间。对落地、受凉、饥饿的仔貂及难产母貂及时救护。母貂产仔过程中及产后，饮水量增加，故值班人员应注意产仔母貂饮水盒中的水量，遇有缺水者应及时补加。

水占水貂体重的 2/3，水是乳汁中含量最高的成分，为了保证水貂正常泌乳，供给大量饮水，比营养更为重要。实践证明，水貂泌乳与饮水成正比关系，即饮水量正常的水貂，泌乳能力就强。在泌乳期间保证水貂充分的饮水是调节水貂正常代谢增加泌乳量的重要条件。

（2）注意气候变化，保持环境安静。在春寒地区，要注意在小室中加足垫草，以利于保温。在温暖的地区，垫草不宜过多。遇有大风大雨天气，必须在貂棚迎风一侧加以遮挡，以防寒潮侵袭仔貂，导致感冒继发性肺炎或受寒腹泻而大批死亡。产仔母貂喜静厌惊，过度惊恐容易造成母貂咬仔甚至吃仔，故必须避免场内和附近出现震动性很大的奇特声音干扰。

（3）搞好卫生：搞好小室、食具及饲料加工的卫生。仔貂单一母乳为食期间，其排泄的粪便均被母貂舔食，故小室内一般较清洁。但仔貂从 20 日龄左右开始采食饲料以后，母貂就不再为其舔食粪便了。而此时仔貂尚不能到小室外笼网上定点排便，故而排泄在小室内，加之母貂又把饲料叼到小室内饲喂仔貂，因此小室内很容易污秽不洁，仔貂也容易发生各种疾病。故仔貂 20 日龄以后必须注意小室的卫生管理，及时更换污秽的垫草，保持小室的清洁和干燥。同时要加强饲料加工的卫生管理，加强食具的洗刷消毒，预防疾病的发生。

（4）母貂乳腺的查看与护理（图 4－7，图 4－8）：如果发现仔貂吃不饱，就应检查母貂乳腺发育是否正常。泌乳正常的母貂乳头有弹性，乳房非常饱满，轻微压挤会有乳汁从乳头里排出来。如果母貂乳腺发育不良，其乳腺中乳汁分泌不足或不分泌乳汁，就应将其所产仔貂进行人工哺乳或代养。有的母貂产仔数较多，泌乳量较少，可以选健壮而大的仔貂让其他母貂代养，或是全部分出代养，或在母貂饲料中增加乳类饲料和蔬菜，以促进母貂泌乳。缺乳的母貂大多食欲不振，应当给它们营养丰富、适口性强的饲料，促进它们的食欲。有的母貂产仔数少，而乳腺又过于发达，乳汁充盈，导致仔貂不能吸住乳头，致使母貂乳腺肿胀疼痛，表现急躁不安，在笼内乱跑或搬弄仔貂，如遇这种情况，

图 4 – 7 处于哺乳期的母貂

可以人工把过多的乳汁从乳房里挤掉，使母貂侧面躺下，并将仔貂放在它的乳头附近，以帮助它们吃奶。当仔貂可以正常吃奶后，母貂就会安静下来，遇到这样的母貂最好再增加几只仔貂让其代养，母貂就不会因泌乳过多乳房肿胀而急躁不安。如果没有代养的仔貂，要减少母貂日粮中促进乳汁分泌的饲料（如蔬菜和乳类饲料）或减少日粮的饲喂量。

　　有些初产母貂乳头非常小，新生仔貂不能噙住它们而吃不到奶，遇到这种情况，可把日龄较大的仔貂放到该母貂的乳头附近，让这些仔貂吮吸该母貂的乳头，经过这些日龄大的仔貂用力吮吸几次之后，该母貂的乳头就会拉长变大，新生仔貂就可噙住

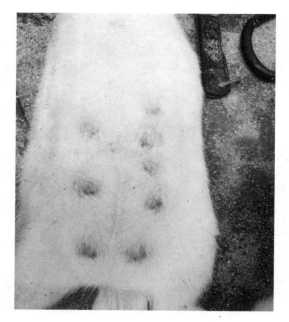

图4-8　处于哺乳期的母貂

乳头吃奶。

　　（5）加强对病、弱母貂和仔貂的护理：及时发现和治疗患病母貂，如母貂已丧失哺育仔貂的能力，应及早将其仔貂代养出去。遇有患病的仔貂，亦应及时治疗。遇有发育落后的病弱仔貂，应及时查明原因，采用相应的措施。如属全窝发育不良时，多因母貂缺乳或乳汁质量欠佳，应及时将同窝仔貂代养出去一部分。如个别仔貂发育落后，可能是患病或在同窝仔貂中受欺负的结果，可将其移至比其晚出生的其他仔貂窝中代养。

　　临产前母貂拔掉乳房周围的毛，产前活动减少，多数母貂产前拒食1~2顿，要注意观察母貂，为母貂的生产做好充足的准备。一般顺产持续时间为0.5~4小时，每5~20分钟娩出1只仔貂，超过 8 小时者，应作难产处理。

出现难产情况，母貂临近产期或超过产期时，如果多次拒食、烦躁不安，频繁进出小室，在笼网上摩擦外阴部或舐外阴部，阴部流出淡红色污血或鲜血，母貂咕咕叫，搔弄小室，但多时不见仔貂产出，或可见外阴夹着的仔貂等即可判定为难产。也有的精神不振，蜷缩在小室内，体温升高，后肢麻痹，呼吸困难，进入难产后期。

可肌注催产素（脑垂体后叶素）0.1~0.2 毫升，2 小时内仍不产，重复注一次，再不产应立即实行剖腹产手术。如胎儿娩出一段而久久不下，可将母貂仰卧保定，随其努责慢慢拉出胎儿，擦净口鼻，将先产的一端向上，伸曲仔貂身躯，使其恢复呼吸，同时摩擦体表促进血液循环，数分钟可救活。

四、仔貂日常饲喂管理

水貂从出生到断乳分窝前这段时间成为仔貂。仔貂是在发育不完善状态下产出的、消化功能弱、生长发育快、体温调解机能差是仔貂的主要生理特点，仔貂的饲养管理应根据其生理特点，采取相应合理的饲养管理措施，提高产仔成活率、培育体格健壮、生活力强的仔貂。

中国水貂养殖量发展最为迅速，繁殖成活率较低，水貂仔兽断奶前死亡率高是影响水貂养殖业发展的主要因素之一。

（一）仔貂的生长发育特点（图 4-9，图 4-10）

新生水貂仔兽生长速率极快。据报道，仔貂 20 日龄时，少数开始出牙，25 日龄时长出犬齿和白齿，有的门齿也长出，仔貂在 28~30 日龄睁开眼睛，水貂出生后 24 小时内最高相对生长速率可达 23%。出生后前 10 天内的相对生长速率为 16%，3 周内相对平均生长速率为12%，4周内平均生长速率9%，单个仔兽出生后1周内的平均生长速率为2.9克/天，第三周和第四周时分别为6.1克/天和5.6克/天。

图4-9　出生1天的仔貂

随着身体的发育，大量的成体毛在皮肤内开始生长。最早出现成体毛的时间是22日龄，一般为25日龄左右。最先长出皮肤的是毛球很大的粗壮的针毛。随着年龄的增长，新生针毛的数量也不断增加，直至32~35日龄时，有大量的绒毛长出体表，此时即有毛束出现，随着成体毛的出现，胎毛逐渐脱落，直至45日龄左右，成体毛已遍布全身，其生长顺序为：颈→头→前肢，背→臀→尾→后肢→腹部。由于水貂在胚胎期形成的毛囊原始体，只有一小部分发育成胎毛，而大部分处于休眠状态，所以必须保证仔貂有足够营养，特别是20~45日龄间的营养是影响第一次换毛的重要因素。否则，那些处于休眠状态的毛囊原始体发育成毛纤维的速度就会变慢，甚至得不到充分的发育，结果就会达不到其遗传上所能达到的毛密度。营养不良也会影响毛中色素

图 4 - 10　出生 7 天的仔貂

的形成，因为色素的形成需要一定种类和数量的氨基酸，否则会产生分色带的灰毛、白毛和棉毛等。因此，研究水貂胎毛脱换的时间和规律，以便在换毛前饲喂一定数量有利于促进成体毛生长的营养物质，对冬季获得优质毛皮有重要意义。

　　水貂仔兽被毛的生长速度为 0.26 毫米/天，22～23 日龄仔兽的纤维长度为（5.45 ± 0.63）毫米（公）和（6.20 ± 1.44）毫米（母），30～31 日龄时增加到（9.43 ± 1.44）毫米（公）和（8.70 ± 1.89）毫米（母），而且被毛长度与仔兽的日龄及体重呈高度相关，10 日龄时被毛长约 2 毫米，15 日龄时约为 4 毫米，20 日龄时约为 6～7 毫米。

　　据报道，仔貂的皮下脂肪在第一周内大量增加，5 日龄时其数量为 4.4%，21 日龄时为 5.9%，到 28 日龄时增加到 6.9%，42 日龄时已增加到 7.4%。出生后 3 周内仔兽体内蛋白质、脂肪、能量的合成明显增长，而到第 4 周时蛋白质合成增长速度适中，而脂肪和能量合成出现下降。

仔貂的体温调节特征就是长期的产热不稳定，据报道，产热能力差的原因主要有：①仔貂与产热有关的神经调节机制发育不全；②心肺向产热组织输送氧气和糖类及脂肪酸的能力较差；③产热组织的亚细胞结构和酶代谢等处理营养物质的能力有限；④产热组织的总量较少。当水貂仔貂机体还不能保证体温恒定时，在寒冷环境中体温下降并处于僵蛰状态，但可随时借助外来热量恢复过来，这是不具备完善体温调节能力的仔貂的一种应激反应，而不能将其简单的当做"变温动物"。仔貂在28日龄时体温调节能力得到相当大程度的发育，45～46日龄被毛足够长时达到恒温水平。

（二）仔貂的饲养

1. 仔貂主要依靠母乳和补饲生存：据报道，1～10日龄仔貂日平均耗乳量为4.1克，10～20日龄仔貂为5.3克，所以，保证产仔母貂的营养需要和乳汁的质量，对仔貂的成活起着至关重要的作用。而乳汁中氨基酸对其身体生长非常重要，研究认为，产后1～4周内乳汁化学成分如下：水78%，蛋白质7.5%，脂肪8.5%，碳水化合物5%。乳汁中含量最多的氨基酸是谷氨酸、亮氨酸和天门冬氨酸，它们约占氨基酸总量的44%。支链氨基酸含量高于20%，而含硫氨基酸含量少于5%。大多数氨基酸的利用率受仔兽年龄影响。

防止母貂因为泌乳而体重下降，日粮的配合要略高于妊娠后期的水平，应适量增加脂肪和乳、蛋等催乳饲料的补给。饲喂时，要按产期早晚，仔貂多寡，合理分配饲料，切忌一律平均。

2. 对于刚出生而因为各种原因吃不上奶的仔貂，可以用巴氏杀菌消毒的牛奶或羊奶，加少许鱼肝油临时喂给，然后尽快送给有奶的母貂抚养。由于家畜常乳缺少水貂初乳中所含的球蛋白、清蛋白、含量高的维生素A和维生素C、镁盐、卵磷脂、酶、抗体、溶菌素等多种复杂成分，所以单纯依靠牛羊乳仔貂不易成活。

3. 如果母貂产仔多，母乳不足喂养所有仔貂，或是母貂母性不强而护理仔貂不周、母貂患病时，要找母乳强、母性好且有能力喂养其他仔貂的母貂代养仔貂。其原则是：找产期相近、仔貂大小相似的其他母貂代养。代养大的，发育强壮的仔貂。乳母需母性强、无吃仔恶癖、乳量充足、产仔少的（1～4仔）。代养时，可以把乳母引出小室，把被代养仔貂与原窝仔貂混在一起在手中摇摇，直接放入窝中；也可将被带仔貂涂上乳母粪便，放在小室进口处，母貂听到仔貂叫声后，即可将仔貂叼回小室。代养后要注意听、检，发现异常，要及时处理。

4. 仔貂20日龄时，虽未睁眼，但已经会采食母貂叼喂的饲料了。尤其是母乳不足的适时补饲有助于仔貂的生长发育。可以用鱼肉肝脏蛋糕乳等加少许鱼肝油、酵母进行补喂。但不要全群普遍都喂，也不可1日多次饲喂。例如名威貂业从仔貂20日龄起至45日龄止，每窝上午10：00补饲由40克奶、20克蛋和40克肉组成的精补饲料；同时将饲喂给母貂的饲料调制得稠一些，便于母貂叼入小室喂给仔貂。仔貂开始采食饲料后，喂给的日粮量应视不同产窝中仔貂的数量和日龄的差别而分别投喂不同的量。注意不要一日多次饲喂，防止仔貂吃饱饲料而不吃奶，造成母貂胀奶而拒绝护理仔貂。

5. 现在的研究表明，利用仔貂极大的早期生长潜力，采用早期补饲技术，对提高仔貂生长性能，增加皮张尺码具有重要的意义。对仔貂进行补饲，可以提高仔貂成活率、加快仔貂体质发育、减少种母貂发病和死亡，加快母貂体质恢复等。根据水貂的生长发育特点，20～25日龄时给仔貂补饲流式，即将牛奶和熟蛋黄配制成稀饲料，到25日龄时开始饲喂由牛肉和黄花鱼配制成的比之前略稠一些的饲料，待仔貂慢慢适应饲料后，在饲料中增加了膨化玉米和预混料，一直饲喂到断奶分窝。结果表明早期补饲显著增加 35 日龄仔公貂的体重，极显著增加 40 日龄和 45 日龄仔公貂的体重。

(三) 仔貂的管理

1. 产前的准备工作 (图 4 - 11)：刚出生的仔貂个体小，为防止它从笼底网眼中漏到地上，要在母貂产仔前在笼底部加一层密眼的垫网，以防止仔貂落地。不要在母貂产仔后加，否则会对母貂造成惊扰。

另外要做好小室的消毒和保温。母貂产仔前要对小室和笼舍进行消毒。消毒最好用喷灯火焰消毒，也可以用 1% ~ 2% 苛性钠或 3% ~ 5% 的来苏尔水消毒。消毒后的产箱再铺上干燥的垫草，有报道，仔貂的体温调节机制在分窝前后才能初步完成，所以对环境温度变化的适应能力弱，必须依靠环境和母体使体温趋于恒定，所以，做好保温工作相当重要。仔貂生长发育的最初窝温在 30 ~ 35℃，受环境影响，仔貂体温降到 12℃ 时即失去了活力，处于僵直状态，低于这个温度会引起死亡。

保温用的垫草要清洁、干燥、柔软，以乌拉草、软杂草等为好，稻草要弄得松软些不宜用麦秸，因为麦秸质地硬而且易碎，保温效果不好。小室内的垫草是提高仔貂成活率关键作用。先将草捆打开，将草抖落成交错状的草铺，两手上下夹起草铺从小室上口压入小室内，箱底和四角要压实，侧壁草再弯压在小室的上方，中间留有空隙以便母貂进一步整理做窝。垫草的多少要根据当地的气温高低灵活掌握。

2. 各种器械的准备及记录表格的准备：准备齐全供产仔期所用的各种工具，如剪刀、药物、保温袋等。另外还要准备好产仔期的各种记录表格。

3. 产仔检查：产仔后检查是产仔保活的重要措施。笼底发

图 4 - 11　产仔期用的垫网（摄于名威貂业）

现油黑色胎便后（一般在产后 4 小时）即可检查仔貂，主要检查有无脐带与垫草缠结现象，有无红爪病，仔貂数量及是否吃上奶等。对发生脐带缠结的要及时剪断；仔貂数量过多的，可考虑代养。以后以听为主，避免频繁检查。

要听仔貂的叫声，看母貂的采食和泌乳情况，检查刚出生仔貂情况。如果仔貂很少嘶叫，叫是声音短促洪亮，母貂食欲好，乳头红润饱满、母性强则说明仔貂健康。当检查小室时，将母貂轻轻引出小室，插上插板。用少量垫草擦手，扒开窝迅速取出仔貂检查，注意不可破坏窝巢，健康的仔貂在窝内抱成一团，拿在手里挣扎有力，吃过奶的仔貂鼻镜发亮、周围的毛上甚至鼻尖有灰尘、有的嘴巴里有母貂腹部的绒毛、腹部饱满。浅色型的仔貂隔着皮肤可看到胃肠奶内充满黄色的乳块。而没吃上奶或是没吃饱奶的，要查明情况，需要代乳的及时需找母貂代乳。如果母貂乳头周围的毛绒没有自己拔掉，可以人工辅助拔毛。此时的仔貂主要多观察，及时发现异常情况，以便及时处理。

另外，要安排工作人员日夜巡查，对掉落在地上、受冻挨饿的仔貂及难产母貂及时护理。对于掉落在地上的仔貂，要及时捡回，放在 20～30℃ 的保温箱中或放在手中取暖，待恢复体温发出尖叫后送还到母貂笼内，检查仔貂掉出的原因，及时，处理。因难产或受压而窒息的仔貂，可采取心脏按摩的方法，帮助仔貂心脏跳动，然后用人工呼吸的方法救助仔貂，母貂因难产死亡时，要立即剖腹取胎，先去掉胎膜，擦干羊水，利用人工呼吸的方法抢救仔貂。注意当把仔貂放入手中取暖时，手上不要有强烈的刺激性气味，例如，化妆品、香皂、烟味等，防止沾染到仔貂身上而遭到母貂的遗弃。

4. 保持环境安静卫生：此期间，场内不要大声喧哗或是产生大的噪声，禁止在貂棚内喧哗，特别注意防止在貂场附近突然发动汽车和鸣喇叭，以免影响母貂产仔；也不要随意揭开箱盖查看，也不要用手电筒直接照射产箱，防止母貂受惊而出现咬仔、食仔现象的发生。

防止母貂过度惊吓遗弃仔貂或吃掉仔貂，谢绝参观。及时清理笼内及小室内的粪便，为母貂及仔貂创造一个安静卫生的环境，并且能预防疾病的发生。

5. 及时分窝及初选

（1）仔貂分窝（图4-12）：仔貂一般 40～45 天应及时断乳分窝，过早或过晚对母貂和仔貂均无益处。过早对仔貂的生长发育不利；过晚时仔貂之间相互争食和咬斗，严重时甚至出现仔貂中强者残食弱者的行为，并且仔貂多造成笼内产生大量的粪便，不利于环境卫生。另外，因为此时母貂的泌乳量开始明显下降。母仔之间的行为亦开始疏远，由于仔貂已养成了吮乳的习惯，无论母貂有无乳汁分泌，仍经常追随母貂吮乳不止，引起母貂反感，甚至伤害仔貂的行为。因此，分窝对仔貂、母貂来说均是必要的。

如果仔兽在 5~6 周龄断乳，移走母貂，同窝仔貂在原窝室一起饲养 8~10 天，然后 1 公 1 母成对放在同一笼中饲养。如果仔貂在 7 周龄断乳，同窝仔兽在一起饲养几天，然后分开，成对饲养（窝仔数多的在断乳时可能需要分开）。1 公 1 母成对饲养避免了配对公貂间竞争导致的发育不一致问题。同窝仔貂发育不一致的，可视情况将健壮的幼貂先分出来，弱小的幼貂留给母貂再代养一段时间，但最迟应在 60 日龄前分出。

断乳前，应做好笼舍的检修，固定、清扫、消毒等准备工作，断乳时应当做好水貂的初选工作，根据水貂的同窝仔貂数、成活情况、发育情况及双亲的品质，按窝选留，初选要比实际留种数多 25%~40%。

（2）仔貂初选：养貂场通常在 6~7 月仔貂分窝前、后进行种貂的初选工作。经产母貂和成年公貂主要根据其繁殖能力和繁殖成绩进行选择。需要注意的是，当对水貂繁殖性状进行选择时，应该更集中那些达到最佳窝产仔数而不是最大窝产仔数的母貂。应该对胎产仔数和仔貂死亡率、初生重、育仔能力以及功能乳头数这些重要的亚性状给予更多的考虑。幼貂主要根据发育情况进行选择。符合初选条件的经产母貂和种公貂全部留种，幼貂留种数应比计划多留 40%。

主要有以下 6 条种用标准确定留种个体：①公貂体重 2 千克以上，不超过 2.5 千克；母貂体重 1.2 千克以上，不超过 2 千克。②公貂鼻尖至尾根 45 厘米以上，母貂 38 厘米以上。③健康无疫病，头眼灵活、戏耍好动、吃料饮水正常，无残疾，生殖器

图 4 - 12　分窝后的仔貂

官无畸形、无患病史、无食毛症及咬尾病。④母貂产仔数 6 只以上且母性好；公貂配种能力在 10 次以上。达不到体长标准、出生晚的不能种用。⑤用过激素者不应留种。⑥夏毛未褪全、头体比例失常、有咬尾、食毛症不可留种。选种还要仔细调查引进品种的系谱，避免近亲繁殖。有些患自咬症的母貂产仔数和仔兽成活率比较高，建议不留种用，以免遗传给下一代。种公貂与外场调换，相隔得越远越好。初选留种数量要比实际种用数量多30%，9～10 月再定留种个体。

6. 仔貂常见病症的护理

（1）红爪病：将牛羊鲜乳加热消毒，冻却到 30～40℃ 时，加入维生素 C 喂给仔貂，每天喂给维生素 C 50～100 毫克。

（2）脓疱症：将仔貂脓疱挑破排脓，再敷上青霉素，同时每天喂给母貂氯霉素 50 毫克，或将仔貂另外找母貂代养，可以救活大部分患貂。

据报道，仔貂死亡在全年水貂中占有很大比例，虽然不能防止仔貂死亡，但是通过有效饲养和管理能够有效降低死亡率。做好种群水貂的选配工作，拒绝亲缘交配，加强妊娠期的饲养管理，配制新鲜、富含各种氨基酸的蛋白饲料，水貂分娩前做好产箱的准备和哺乳期的护理工作，这些都能有效预防仔貂的死亡。

第五章　幼貂快长新技术

一、水貂的生长特点

水貂初生重 8～13 克，体长 6～10 厘米，只能缓慢爬行。不睁眼，未出牙，鼻镜干燥，一旦吃上初乳，鼻镜发黑。脐带 2～3 天脱落，耳孔不明显，皮肤被毛稀疏。5 日龄时，毛色变深，爪略变硬，耳孔未显露。10 日龄时，体色更深，下颌及腹部可见白斑，颈上部皱纹增多。20～25 日龄睁眼，体温趋于恒定，40 日龄针毛显露，基本上可以独立生活，此为仔貂阶段。一般 40 日龄断乳（有的地方 45 日龄断乳）转为以饲料为食，至 9 月末为育成期，此为幼貂阶段。

断乳后（6～7 周龄）到 8 月是早期生长阶段，10～11 周。在此期间，随着生理发育和生长夏毛，仔貂体长快速增长，在 8 月末至 9 月初达到其成熟体重的 85%～90%。从 9 月中旬到取皮时的后期生长阶段，体重生长速度下降。在这个时期体重的任何增长都是脂肪沉积的结果。毛的生长和发育是生长后期的主要活动。

二、影响幼貂生长发育的因素

幼貂分窝后，其生长发育速度的快慢决定着以后皮张的大小、质量和来年的生产水平。影响幼貂生长发育的因素也是影响整个水貂养殖业效益的关键。

（一）营养

当仔貂断乳后营养从由母乳供给转变为由饲料完全供给，所以，饲料的质量决定幼貂生长发育的直接效果，要供给幼貂生长发育所需的全面营养。

（二）幼貂在哺乳期的生长发育情况

幼貂在哺乳期的生长发育状况是以后生长的基础，如果母貂在妊娠期饲养管理不当，使得幼貂在胎儿期就发育不良，或者在哺乳期仔貂吃不上奶营养不良导致体弱，那么在幼貂期，即使供给再好的营养也不能弥补前期对仔貂身体造成的伤害。

（三）疾病

主要是腹泻。引起腹泻的原因很多，涉及到病毒、细菌、寄生虫和食饵等，主要有以下几种：病毒性肠炎病因、大肠杆菌病病因、肠炎型巴氏杆菌病病因、寄生虫病病因及饲料原因引起腹泻病因等，具体哪种原因要化验检查，对因治疗。

三、幼貂生长发育期的营养要求

幼貂的生长发育期是指幼貂分窝至取皮这段时间，又称育成期，可分成早期生长阶段和后期生长阶段。断乳后（6~7周龄）到8月是早期生长阶段，10~11周。从9月初到取皮时的后期生长阶段，又把这段时间称为冬毛生长期（育毛期）。

仔貂经过断乳后的初选和8月末的复选后，从9月开始，将幼貂分为取皮貂和种貂分别进行饲养管理。8月末之前要满足水貂快速生长的营养需要；从9月份开始，取皮貂和预留种水貂在满足其生长发育和冬毛生长的营养需要的同时，取皮貂营养和饲养管理的重点在于取皮期获得最大尺寸和最优质的皮张，预留种貂则强调一直保持适宜的体况。所以制定水貂生长和冬毛生长期饲料配方时，要根据不同的养殖时期和饲养目的确定代谢能的需要量及各种营养在总代谢能中的分配比率。

（一）育成期生长特点

幼貂育成期是肌肉、骨骼、脏器迅速生长发育的时期，营养需要量较高。此时幼貂新陈代谢极为旺盛，同化作用大于异化作用。

（二）育成期营养要求

1. 能量需要：仔貂断乳后最初几周生长快速，对能量的需要迅速增加，仔貂通过增加采食高能量日粮满足能量需要。这段时间能量的推荐量应以平均每天需要量为基础，而不是以每千克体重为基础。公、母仔貂在生长期的不同月份每天对能量需要量及相应需要的采食量见表 5 - 1。7 月以后，公貂对能量的需求逐渐高于母貂，一般高 33% 。

表 5 - 1　水貂生长期每天代谢和日粮需要（1 卡 = 4.18 焦）

时 期	雄性幼貂不同代谢能水平每天采食量				雌性幼貂不同代谢能水平每天采食量			
	代谢能（千卡/天）	1 100	1 300	1 500	代谢能（千卡/天）	1 100	1 300	1 500
5.15~31	30	27	23	20	30	27	23	20
6.1~15	80	73	56	53	80	73	56	53
6.16~30	160	145	123	107	160	145	123	107
7.1~15	250	227	192	167	190	173	146	127
7.16~31	320	291	246	213	240	218	185	160

（续表）

时　期	雄性幼貂不同代谢能水平每天采食量				雌性幼貂不同代谢能水平每天采食量			
	代谢能（千卡/天）	1 100	1 300	1 500	代谢能（千卡/天）	1 100	1 300	1 500
8.1~15	350	318	269	233	260	236	200	173
8.16~31	370	336	285	247	270	245	208	180
9 月	380	345	292	253	280	255	215	187
10 月	390	355	300	260	290	264	223	193
11 月	350	318	269	233	250	227	192	167
12 月	310	282	238	207	220	200	169	146

　　水貂生长前期日粮代谢能 30% 以上由可消化蛋白质提供，35%~55% 由可消化脂肪提供，可消化碳水化合物在代谢能中的比重不能超过 30%。在饲喂干物质占 37%~38% 的鲜饲料为时，日粮代谢能水平为 6 270~6 479 千焦/千克；以日粮 100% 干物质为时，日粮代谢能为 16 720~17 275.94 千焦/千克。我国大型貂场生长期水貂 100g 日粮中代谢能需要的经验标准为 1 000~1 400 千焦。

　　2. 蛋白质：水貂生长前期至少有 30% 的代谢能来自蛋白质。这些蛋白质应该具有良好的氨基酸平衡和消化能力。特别是在仔貂消化能力尚没有充分发育完全的 8~10 周龄前，喂给仔貂极易消化的蛋白质饲料非常重要。饲喂低水平或低质蛋白会影响水貂的生长率、增加仔兽死亡率和降低毛皮质量。生长期饲喂干物质占 37.0%~38.0%、代谢能水平为 6 270~6 479 千焦/千克的鲜日粮时，粗蛋白质含量不能低于 11.5%~12.0%；以代谢能水平为 16 720~17 275.94 千焦/千克的 100% 干物质时，日粮粗蛋白质含量不能低于 31.0%~32.0%。我国大型貂场生长期水貂蛋白质需要的经验标准为代谢能为 1 000~1 400 千焦的 100 克日粮中含蛋白质 24~30 克。

换毛期饲喂干物质占 39.0%～40.0%、代谢能水平为 6 688~6 897 千焦/千克的鲜日粮时，粗蛋白质含量不能低于 12.0%～13.0%；以代谢能水平为 16 933.18～17 459.86 千焦/千克的 100% 干物质时，日粮粗蛋白质含量不能低于 31.0%～33.0%。我国大型貂场生长期水貂蛋白质需要的经验标准为代谢能为 1 271.4 千焦的 100 克日粮中含蛋白质 25.54 克。

蛋白质中适宜水平的蛋氨酸和半胱氨酸对于毛的生长特别重要。蛋氨酸是毛生长第一限制性氨基酸，是日粮中必须的成分。半胱氨酸能在体内合成，蛋氨酸为半胱氨酸的合成提供硫基。半胱氨酸转变成胱氨酸，用于毛的主要成分角蛋白的合成。

在体内，蛋氨酸提供的甲基在水貂能量周期中参与许多关键反应，在许多重要化合物的合成中具有重要作用。它们用于磷脂合成，也帮助肝的脂肪代谢，防止脂肪肝的发生。胆碱和甜菜碱也具有提供甲基的功能。

在饲料中蛋白质和氨基酸消化率为 85% 的情况下，水貂生长期和换毛期对必需氨基酸的需要量，见表 5-2。

表 5-2　水貂生长期可消化氨基酸的需要量

氨基酸	单位代谢能需要量（克/兆焦）
蛋氨酸	1.59
半胱氨酸	0.71
赖氨酸	2.72
色氨酸	0.50
苏氨酸	1.72
组氨酸	<1.59
苯丙氨酸	<2.89
酪氨酸	<1.80

（续表）

氨基酸	单位代谢能需要量（克/兆焦）
亮氨酸	<5.02
异亮氨酸	<5.29
缬氨酸	<3.51
精氨酸	日粮的2.2%

蛋氨酸含量和消化性决定蛋白质源饲料是否适合用于水貂生长和换毛期。质量好的肉和鱼含有高水平和消化性好的蛋氨酸，生长和换毛期日粮中大部分蛋白质应由此类饲料提供。

屠宰厂低质副产品和低质鱼副产品、含有毛和羽毛的副产品、血制品、大豆粉和鲭鱼等饲料中的蛋氨酸含量和消化性低，要严格限制用量。玉米蛋白中的蛋氨酸消化性也很低，含量却相当高。因此，在日粮中加入占消化粗蛋白20%的玉米蛋白能显著增强蛋氨酸水平。可以通过添加蛋氨酸添加剂增加日粮中蛋氨酸的含量，也可选择甜菜碱作为甲基供体添加剂替代部分蛋氨酸。甜菜碱也可能有改善体内水平衡，降低氮排泄的功能。

3. 脂肪：水貂生长期总代谢能35%～55%来自可消化粗脂肪。日粮中必须有足够的脂肪支持和满足断乳水貂快速生长的需要。生长期饲喂鲜日粮时，干物质占37.0%～38.0%，代谢能水平为6 270～6 479千焦/千克时，粗脂肪可在6.0%～10.0%调整；以日粮100%干物质饲喂时，代谢能水平为16 720～17 275.94千焦/千克，粗脂肪含量应在16.0%～27.0%内调整。我国大型貂场生长期水貂脂肪需要的经验标准为代谢能为1 200～1 400千焦的100克日粮中含脂肪6～10克。

在水貂换毛期间，脂肪水平应该减少到总代谢能的36%左右，防止高脂肪日粮导致水貂脂肪肝、湿腹症和毛皮局部不成熟。仔貂断乳后消化道消化能力仍在发育完善中，所以日粮中脂肪必须来自特别容易消化的饲料原料，例如植物油。植物油中含有相当数量的必需脂肪酸可以满足水貂生长的需要。在被毛发育的最后几周，脂肪是使水貂被毛颜色稳定的关键因素。

换毛期日粮以鲜日粮饲喂时，干物质占 39.0% ~40.0%，代谢能水平为 6 688~6 897 千焦/千克时，粗脂肪可在 5.5% ~10.5% 调整；以日粮 100% 干物质饲喂，代谢能水平为 16 933.18 ~ 17 459.86 千焦/千克，粗脂肪含量应该在 14.0% ~27.0% 范围内调整。我国大型貂场冬毛生长期水貂脂肪需要的经验标准为 1 271.4 千焦代谢能的 100 克日粮中含脂肪 12.25 克左右。

4. 碳水化合物：水貂生长期和换毛期，碳水化合物能提供约 30% 的代谢能。要求这些碳水化合物来自易消化的饲料，如熟制谷物、糖蜜或玉米糖浆。

在秋季饲喂高脂肪饲料能导致水貂湿腹症的发病率增高，并使毛皮质量降低。在毛绒生长期的最后几周，用加工后的谷物增加饲料中的碳水化合物水平，可以减少水貂湿腹症，并使毛绒色泽稳定。

生长期日粮以代谢能为 5 643~6 061 千焦/千克、干物质占 32.0% ~33.0% 的鲜日粮时，碳水化合物含量不能超过 15.0% ~ 16.0%；以日粮 100% 干物质时，代谢能水平为 17 363.72 ~ 18 651.16 千焦/千克，碳水化合物含量不超过 41.0% ~42.0%。我国大型养貂场的经验标准是代谢能为 1 000~1 400 千焦的 100 克生长期日粮中碳水化合物含量为 12~16 克。

换毛期日粮以代谢能为 6 688~6 897 千焦/千克、干物质占 39.0% ~40.0% 的鲜日粮时，碳水化合物含量不能超过 16.0% ~ 17.0%；以日粮 100% 干物质时，代谢能水平为 16 933.18 ~ 17 459.86 千焦/千克，碳水化合物含量不超过 41.0% ~43.0%。我国大型养貂场生长期日粮中碳水化合物水平经验标准是 100 克代谢能为 1 271.4 千焦的日粮中，碳水化合物为 20.01 克。

水貂对饲料中的碳水化合物消化率与加工过程密切相关。水貂对长链淀粉的消化能力很差。通过熟制或粉碎，断裂淀粉链可以提高水貂对淀粉的消化能力。随着大麦粉碎颗粒在0.01～0.09毫米越来越小，其消化率越来越高。当粉碎的大麦粉至少93%通过筛眼为0.5毫米的筛子时，水貂对其消化能力与煮熟的大麦一样。谷物粉碎前进行高温处理，消化效果更好。水貂对膨化加工后谷物的消化能力与煮熟加工的谷物基本相同。

5. 维生素、微量元素和矿物质：水貂生长期和换毛期需要足够水平的微量元素和维生素。

钙和磷在水貂早期生长中特别重要。缺钙可以引起软骨症，缺磷将引起骨骼软、畸形或佝偻病。日粮中含有高水平的内脏或低骨鱼副产品，在不特别添加钙磷的情况下，可能会造成缺磷和缺钙。在添加钙磷时，要将钙磷比调整到1：（1.0～1.8）。在换毛期添加钙量略比磷多，可能有助于防止湿腹症的发生。

维生素E在高水平鱼或植物油日粮中的添加量是70～100克/吨鲜料（200～300毫克/千克DM），用来预防水貂黄脂肪病。其他抗氧化营养添加剂有维生素C、维生素A、硒、锌、锰和铜。

铁，如果用体内含有三甲胺氧化物的鱼类作水貂饲料，鲜料中铁的添加量就要增加到100～140毫克/千克（300～400毫克/千克DM），有助于预防水貂贫血病和棉毛症。特别是冻鱼缺铁现象更严重，所以，更要添加足量的铁。铁的螯合剂型能使铁不受干扰地吸收。维生素B_{12}也有助于促进铁的吸收。

硫胺素，一些种类的鱼含有硫胺素酶，破坏硫胺素，导致水貂硫胺素缺乏引起瘫痪症。当饲喂含这种鱼饲料时，每千克鲜料要添加25毫克硫胺素（71毫克/千克DM）。

生物素，卵清中含有抗生物素蛋白，能干扰生物素功能。为了防止生物素缺乏，每千克鲜饲料要添加0.1毫克/千克生物素。

此外，如果将下架蛋鸡或下蛋火鸡用作水貂饲料时，也要加上述水平的生物素。当然，将这些饲料进行熟制，可以使抗生物素蛋白活性失活，从而相应减少生物素的添加量。

叶酸是一种重要的促进细胞分裂的维生素，因此在生长早期有时要增加添加量。用甲酸作为饲料保存剂时，也增加了机体对叶酸的需要。

维生素 A，海鱼肝脏中维生素 A 含量很高，过量饲喂海鱼肝脏能导致水貂中毒。

6. 水：水是构成机体的重要组成部分，也是水貂生命活动不可缺少的物质。成年水貂机体中，水的含量约为体重的 65%，其中 40% 存于细胞里，20% 在组织间隙中，5% 在血液内。水貂失正常含水量的 1%，就可能导致死亡。所以每天除饲料从中获得水分外，还要保证人工的饮水。

四、幼貂生长期饲养管理要点

在正常饲养情况下，幼貂生长期从 5 月下旬或 6 月上旬到 11 月中下旬。加强生长期幼貂的饲养管理是提高养貂经济效益的一个重要阶段。

（一）幼貂生长期的饲养技术

幼貂生长期的饲养管理主要目的，就是要实现让全群水貂都能达到其遗传性所规定的体形与毛皮质量，从而获得皮张大、质量好的毛皮，与此同时，又能培育出优良的种貂。因此，此期幼貂的饲养管理好坏，则会直接影响到养殖户当年的养貂收入及下一年貂的再生产。

从 5 月下旬至 9 月上旬，幼貂处在快速生长发育阶段，此时幼貂的新陈代谢非常旺盛，而且其营养消耗量大，体重增长快，所以此期幼貂对各种营养物质的需求量则多而迫切。幼貂代谢的特点是同化作用大于异化作用。50~60日龄，幼貂生长发育极为迅速，此期是决定水貂体型大小的关键时期，所以要不断增加饲料量，能吃多少就供给多少，公貂比母貂要多给30%~50%，个别发育较差的幼貂要给予照顾，育成前期饲料加工要细，浓度要适宜。每日喂3~4次，早晚饲喂的间隔要尽量长一些，每次饲喂1小时，饲料以不剩食为原则。如果吃不完，应及时撤出食具，这是育成期减少发病和死亡的有效措施。为保证幼貂的生长发育，日粮中动物性饲料，如鱼类、畜禽内脏及下脚料、鱼粉、鲜骨粉等不低于65%，谷物饲料可占20%~23%，适当提高新鲜蔬菜的用量，还应加喂维生素、微量元素添加剂，每天每只0.5~0.75毫克，或补喂鱼肝油0.5~1毫升，酵母4~5克，骨粉0.5~1克，维生素E 2.5毫克，饲用土霉素11.5克，总饲料量应由每日每只200克，逐步增至350克，蛋白质含量要达到25克以上。7月中、下旬幼貂的体长接近于成年貂。60~90日龄，外界天气炎热，水貂的食欲则有所下降，其生长发育开始变慢。在此期内，日粮保持稳定，应注意采用一些营养价值较低的鱼类饲料，并适当提高谷物和蔬菜类饲料的比例，以达到降低饲料成本的目的。饲料的调制应当稍稀，为预防水貂的黄脂肪病和胃肠等疾病的发生，还必须做到定期投喂维生素E（每只每天35毫克），维生素B$_1$（每只每天2~3毫克），土霉素（每只每天0.03~0.05克）。从90~110日龄即9月上、中旬，貂的皮肤内形成冬季胚胎毛，水貂的食欲开始上升。110~130日龄即9月下旬到10月上旬，貂的冬毛已长出，夏毛脱落，貂的生殖系统开始发育。

（二）幼貂生长期的管理技术

幼貂生长期要经历夏、秋、冬3个季节，所以此期在幼貂的管理上是十分复杂的。饲养人员此期必须要认真做好管理上的各项工作。

1. 幼貂营养需要特点：育成期由于营养物质和能量在体内以动态平衡的方式积累，使机体组织细胞在数量上迅速增加，幼貂生长和发育迅速，尤其在 40~80 日龄期间，是生长发育最快的阶段。体重增加在 45~75 日龄时最快，到 150 日龄基本稳定。

育成前期是幼貂机体组织细胞在数量上迅速增加的阶段，因此，对构成水貂机体组织的主要成分——蛋白质的需要十分迫切。要保证蛋白质的营养需要，并保持蛋白质与能量的合理比例。应杜绝能量与蛋白质比例趋高的现象，否则能量偏高，会影响幼貂的采食量，最终造成蛋白质的摄入不足，影响幼貂生长发育。从 7 月到 10 月，水貂每千克体重每日需要可消化蛋白质约30 克，其中主要是与生长发育有密切关系的一些必需氨基酸，如组氨酸、赖氨酸、蛋氨酸、苯丙氨酸、色氨酸、异亮氨酸等。

幼貂的新陈代谢（包括热能代谢）十分旺盛，对生物氧化的主要燃料碳水化合物和脂肪的需要也比较迫切。这两种营养供应充足，不仅对构成机体组织、促进生长发育有重要作用，还能在一定程度上节省蛋白质作为能量的消耗。如果供应不足，势必有更多的蛋白质作为机体氧化的燃料被消耗掉。

育成期幼貂体重增长最快的部分是骨骼，据报道初生水貂骨骼占体重的 16%，4 月龄时占 10.1%，7 月龄时占 5% 左右。骨骼中含钙约 36%，磷 17%，镁 0.8%。由于骨骼迅速生长，对钙、磷、镁等矿物质的需要也大于其他生物学时期。此期，对与蛋白质、脂肪、碳水化合物和矿物质代谢有密切关系的维生素A，B，C（尤其是 B）的需要量也必然相应增加。另外，育成期正值夏季，气候炎热，饲料易氧化酸败，所以还应增加生物抗氧化剂维生素 E 的供应（表 5-3）。

表5-3 育成期幼貂日粮的营养标准

热量（大卡）	可消化营养（克）			维生素					
	蛋白质	脂肪	碳水化合物	A（国际单位）	D（国际单位）	B1（毫克）	B2（毫克）	E（毫克）	C（毫克）
250~350	30~35	13~16	20	1 500	200	3	0.5	5	20

2. 幼貂生长前期的管理要点：

（1）训练幼貂养成在笼网前部排泄粪尿的习惯：分窝幼貂从单笼饲养开始，应将粪便撮起一点，抹在其笼网的前部或前角处，这样分入该笼的幼貂就会把这个地方当"厕所"，养成在此处排泄粪尿的习惯。如个别幼貂仍在小室内便溺时，可将小室内粪便多撮一些放在笼网的前部，并关闭小室门2~3天，待其养成室外便溺习惯后，再把小室门打开。同时要加强室内外的卫生清扫工作，要求做到小室内外每日应当打扫一次，注意消灭蚊蝇，垫草要保持清洁干燥，一般到6月可撤除垫草。但对于体弱和断奶晚的仔貂，可适当延长室内的垫草时间。

（2）埋植激素：结合幼貂断乳分窝，对母貂和幼貂进行全年第一次选种工作。选择出来的后备种貂，要集中在一起，以便入秋前后进行复选。被淘汰的母貂应在6月、幼貂在7月上旬及时埋植褪黑激素，以便促进冬毛期提前在9月上旬至10月中旬成熟，提前取皮。水貂用褪黑激素是压制成的类似打火车火石样的小颗粒，用特制的埋植注射器将其埋植在水貂颈部以下（勿埋入肌肉），剂量1粒。埋植褪黑激素以后，水貂变得贪吃贪睡。要保证其饲料供应，加强笼舍的卫生管理，发现毛绒沾污或缠结，要及时活体梳毛，注意毛皮提前早熟的情况，成熟后及时取皮。

（3）适时接种疫苗：幼貂从断乳分窝之日起，一定要在断乳分窝的第 15～21 天及时接种犬瘟热，病毒性肠炎和脑炎等疫苗，预防这几种传染病的发生。疫苗的接种时间不宜过早，因仔貂哺乳期间从乳汁中获得了母源抗体，能中和疫苗（抗原）而降低疫苗的免疫作用。但也不宜接种得过晚，因仔貂断乳后 3 周后体内的母源抗体就会消失，此时如不及时接种疫苗，就会产生免疫的空档，容易感染疾病而发生疫情。

（4）饲料加工及饲料用具要卫生，预防疾病发生：幼貂育成期正是炎热的夏季，病原微生物活动猖獗，搞好饲料室、饲料加工和饲养用具的卫生尤为重要，把住病从口入关。夏季的水盒子容易锈污和孳生绿苔，应随时洗刷干净，保证清洁饮水。遇有阴天或气候突变时，要注意观察貂群的行为动态，及时发现病貂并加以治疗。

（5）防止幼貂中暑，减少高温对幼貂生长发育的抑制：夏季如果阳光直射幼貂头部，会使其头部温度过高而产生日射病，也会因气温过高导致幼貂体热交换受阻，而导致热射病。热射病和日射病统称中暑，中暑幼貂的死亡率极高。为防止出现幼貂中暑发生，必须做好笼舍的遮荫工作，有铁网盖的小室可打开小室外通风。在午间最热的时间，要向棚舍内和地面上洒水，通过水分蒸发达到防暑降温的目的。夏季要增加饮水的次数，保证水盒中不致缺水，饮水不足会加剧中暑的发生。要注意饮水的清洁，也可供给水貂洗澡散热，笼内加放水盆更好。

夏季高温除了容易使幼貂中暑外，还会抑制幼貂的食欲，减少采食量而影响生长发育。因此，除采取防暑降温的有效措施外，还应把早、晚喂食的时间尽量拉长一些，赶在凉爽的清晨和傍晚饲喂。早食喂完 1 小时后，要及时将剩食清理出来，以防饲料变质。幼貂断乳后，要注意预防胃肠炎和黄脂肪病的发生。

（6）抓住良机，观毛复选：幼貂进入 8 月以后开始脱夏毛，生长冬季毛被。9 月下旬至 10 月上旬即秋分以后正是其毛被脱换的最明显时期，也正是复选种貂的最佳时期。种貂换毛的早迟和冬毛成熟的快慢，与翌年的繁殖直接相关。应抓住这个良机，观毛复选，选择对光照周期变化敏感性强的个体留作种貂。复选以后的种貂应进行阿留申病的检疫和疫苗接种，然后转入种貂准备配种期的饲养管理，而被淘汰的幼貂则转入冬毛生长期的饲养管理。

（7）定期抽检体尺，考察饲养效果：为准确考察幼貂生长发育情况，即饲养管理的效果，于每月末采取随机抽样的方法检查一部分幼貂的体重和体长。如体重和体长达不到要求时，应该查明原因，改善饲养管理。

除此之外，还应当特别注意垫草的管理，垫草不仅可以防寒、防潮、减少疾病的发生，而且更重要的是垫草能经常梳理被毛，对防止毛绒缠结，提高毛皮质量具有重要的作用，否则粪便和剩食等则很容易沾污貂的被毛，易使貂的毛绒缠结。

五、水貂的饲料配制

（一）水貂的消化特点

水貂食物取食量及体重有一个周期性的变化。在秋天时，脂肪进行积累，在冬天和春天时，体重会降低，对繁殖力而言，身体条件是至关重要的，在这方面可以通过营养调整进行训练来提高身体条件，先限制饲喂两周，然后进行两周的随意喂养，这个过程一般在繁殖季节开始之前的 3 ~ 5 天进行，这样可以提高水貂的繁殖力。但是，研究怀孕和泌乳期的母性水貂的能量摄取量及热量的产生过程表明，在这些生理阶段处于一个负的能量平衡，常需进行体能的储备。通过饲喂以及身体储备来获得代谢能源是非常重要的。

水貂有独特的消化特点。其消化道与其他动物相比较短，小肠仅约为其体长的 4 倍，胃的容积约为 75 毫升，采食咀嚼少，食物通过肠道的速度快，使其对饲料的消化率需求及酶的产量要求都很高。国外学者在水貂肠道发育、消化酶的分泌及对蛋白质消化代谢方面的研究认为水貂主要依靠酶的消化，其消化系统相对成熟较晚，4～6 周龄期间水貂肠水解酶经历迅速的变化，依赖肠的生长，整个酶活力在 6～10 周龄进一步增强。水貂蛋白酶、胰蛋白酶原、胰凝乳蛋白酶原活性或数量在 1～12 周逐渐增加，水解酶活性达最大，使断奶后早期蛋白质的消化率减少。水貂消化酶活性如胰蛋白酶，直到 10 周龄才达到最大水解能力。

（二）水貂饲料的特点

1. 能量密度高：鉴于水貂胃肠道的容量及消化能力所限，水貂本身是不可能摄食过多的低能量日粮来满足能量需求的，尤其是母貂哺乳期和仔貂生长前期。所以水貂的采食水平主要取决于"味感"和能量密度。

2. 蛋白质含量高：水貂不同生理阶段要求按能量密度的高低相应地提高蛋白质含量水平。一系列地研究表明，蛋白质的营养作用直接影响种貂维持期、母貂繁殖期哺乳功能以及仔貂和幼貂的生长速度与貂皮质量。极低的蛋白浓度可能阻止毛囊的再生，而毛囊的再生直接影响冬季毛皮绒毛密度。

3. 高含量精氨酸和含硫氨基酸的氨基酸模式：水貂日粮食用的饲料蛋白质质量，取决于参与水貂消化过程的各种蛋白质中氨基酸模式和各种氨基酸的可利用率。同时具有水貂实际需要的氨基酸模式且有高消化率的蛋白质才是高质量的蛋白质。虽然，水貂机体蛋白质的氨基酸组成与其他一些动物没有太大差别，但水貂毛皮蛋白质的氨基酸组成则显示出精氨酸和含硫氨基酸（蛋氨酸、胱氨酸）含量高的特点。国外学者认为毛皮蛋白质占水貂体蛋白质的相当一部分,且含硫氨基酸含量很高,蛋氨酸和胱氨酸组成了水貂毛发角质蛋白的17%。

4. 碳水化合物含量低:因为水貂饲料要具备高能量和高蛋白含量的水平,而且水貂体内将碳水化合物酶解活化的能力是有限的,所以日粮中碳水化合物含量势必较低。适量的碳水化合物可以防止消化不良和增进貂皮质量。

5. 消化率和吸收率高:饲料营养物质的生物效价取决于消化率和吸收率。鉴于水貂体内酶系的组成特点及其活性所限,水貂对于脂肪、蛋白质和碳水化合物的消化能力是不同的。水貂对大多数的脂肪有相当高的消化率,鱼粉对于水貂来说,具有良好的消化性和完好的氨基酸模式。碳水化合物尽管不是水貂日粮的主要成分,但也必须具有很高的消化率。

6. 水貂饲料制品应有良好的诱食性及适口性:饲料产品诱食性及适口性的主要作用是:促进水貂采食,增进食欲,刺激分泌活动以及改善消化作用。各种动物具有不同的辨别气味能力及采饲反应。

(三) 饲料的加工

合理的加工与调制水貂饲料,不但是保证水貂的营养需要、繁殖成活、减少病亡的根本条件,也是降低饲养成本,提高经济效益的重要保证。

1. 鱼类与肉类饲料的加工:质量新鲜的海杂鱼类宜生喂,生喂可提高其蛋白质的消化率和利用率。冷冻的海杂鱼要彻底解冻,剔除其中有毒的鱼类(如河豚)和杂质,用清水冲洗干净后,用绞肉机绞碎。因淡水鱼类破坏硫胺素的能力很强,生喂20天后能引起水貂拒食,又为防比其感染寄生虫病,故应熟喂。如果用咸干鱼喂貂,为便于营养的消化、吸收,避免食盐中毒,用前必须以清水浸泡1~2天,每天换水2~3次,使其松软,并缓出盐分。鱼肉类饲料如品质稍差，但仍可饲喂时，可先用清水洗涤，后用 0.05% 的高锰酸钾水溶液浸泡消毒 5～10 分钟，然后再清水洗涤后利用，也可熟制以后利用。

各种肉类和动物内脏，在加工前也要进行挑选：重点是把那些色泽不正常的肉和内脏挑出，对疑似有传染病的要立即送兽医部门检疫，证实无疫病的方可饲喂。新鲜的肉可直接用绞肉机加工后饲喂；隔夜的肉必须熟制后，再加工饲喂；对变质腐败的肉和内脏要杜绝饲喂，防止喂后发生中毒。肉类副产品中的软下水类（如胃、肺、肠等）则应熟制饲喂，因其营养价值较低，在日粮中不宜超过 20%。

2. 乳类和蛋类饲料的加工：新鲜乳，使用前需经巴氏杀菌法（70～80℃，30 分钟）消毒。乳粉按 1:7 加水稀释后待用。喂貂的蛋类都要熟喂，既可整个蛋煮熟去壳后绞饲，也可先把蛋打入碗中经搅拌后，放入锅中炒拌或倒入沸水中略煮片刻后捞出，然后绞碎拌入饲料中饲喂，这样可以防比维生素 H（生物素）被破坏，还可杀灭副伤寒菌类，防止其疾病的传播。对毛蛋（孵化后雏鸡死于蛋内的蛋）更要煮熟后饲喂，但是，有喂了孵小鸡的一照蛋、毛蛋造成水貂空怀，流产的报道，希望引起注意。

3. 粮食类饲料的加工：谷物饲料首先去掉粗糙的外壳，粉碎成细粉状，几种谷物搭配混合使用效果最好。谷物性饲料必须熟制后利用，这样可提高消化率和预防胃肠臌胀病的发生。采用膨化熟制的办法最好，膨化后的熟谷物饲料再经粉碎，使用前充分加水软化待用。没有膨化条件的，可采用蒸窝头、发糕、面包或煮成粥利用。煮粥时一定要勤搅拌，熟制而不糊锅，且要粥凉后才能与其他饲料混合。

对于大豆的利用，根据生产经验，大豆只有经过加热处理才适合用作水貂饲料。这是因为大豆中含有抗胰蛋白酶，它是一种酶抑制因子，经过热处理就可以将这种酶破坏掉。非常少量的抗胰蛋白酶就能够干扰蛋白的消化吸收率，尤其干扰含硫氨基酸的消化吸收率，而含硫氨基酸是抗胰蛋白酶的第一限制氨基酸。通过对大豆进行热处理就可能能够避免这种对毛皮质量的不良影响。水貂仅仅会将大豆粉中20%的碳水化合物消化吸收掉。另外，大豆可制成豆汁利用。其方法是把大豆浸水10～12小时，然后磨碎加水煮熟，用粗布过滤后即得豆汁。也可将大豆磨成豆汁粉，按1:（8～10）的比例加水煮熟，不用过滤即可利用。粮食饲料的用量一般不超过日粮的25%。

4. 果蔬饲料的加工蔬菜要去掉泥土，削去根和腐烂部分，洗净后备用。水果应去除腐烂部分，水果及瓜类最好与叶菜搭配利用。严禁把果蔬类饲料堆积存放或长时间浸泡，以免发生亚硝酸盐积累而导致水貂食后中毒，洗净的果蔬类饲料也不能与熟制后尚未冷却的其他饲料混放在一起。

5. 添加饲料的加工：

（1）酵母：常用的有饲料酵母、药用酵母、而包酵母和啤酒酵母。药用酵母和饲料酵母是经过高温处理的死菌酵母，可直接使用，而面包酵母和啤酒酵母是活菌酵母，因酵母易使饲料发酵，进而导致水貂胃肠臌胀。喂前一般要加热杀死酵母菌。其方法是把酵母加入冷水搅匀，加热至70～80℃，并保持15分钟即可。同时要注意受潮发霉变质的酵母不能饲喂水貂。

（2）维生素制剂鱼肝油和维生素E属脂溶性维生素，使用前先用植物油溶解稀释后加入饲料。水溶性维生素B可先用温水（40℃）溶解稀释后再加入饲料中。

（3）食盐称量要准确，可按1:（5～10）的比例制成盐水，按量混入饲料，搅拌均匀。

（四）饲料的调制

加工调制水貂的混合饲料，各种原料要按照配方数量做到逐一过秤，用量准确，然后分别投入绞肉机中加工绞碎。一般应按照先绞肉、鱼、再绞谷物，最后绞蔬菜和麦芽（麦芽要绞两遍）的顺序进行，以利绞肉机清膛。饲料的粒度大小关系到水貂食欲的高低，所以，绞肉机使用的算子孔眼应大小适宜。动物性饲料使用网眼 10～20 毫米，植物性饲料使用网眼 5～8 毫米、麦芽用 3～5 毫米。带骨的肉类饲料要用肉骨粉碎机粉碎成浆糊状，颗粒 2～3 毫米。把各种绞制好的饲料放在搅拌机内进行充分搅拌，没有搅拌机时可放在大木槽内或缸内利用棍棒进行人工搅拌，同时加入各种微量元素。混合饲料的原料称量要准确，比例要适宜，搅拌均匀，稀稠适当。对于加工调制好的混合饲料要尽快饲喂，一般应现加工现喂，在喂前 15 分钟加工调制好。

水貂对饲料有其习惯性和敏感性，为防止其发生厌食、拒食等影响其生长繁殖能力，水貂的饲料品种不能突然更换或频频更换，尤其妊娠期母貂，应尽量保持饲料恒定，直至哺乳期结束。为此，加工调制水貂混合饲料还应特别注意以下各方面问题。

1. 如果使用高锰酸钾溶液消毒饲料，应现用现配，防止溶液放置时间长而氧化失效。

2. 对熟制的肉、鱼类及其副产品等动物性饲料，要及时加工调制后喂貂，严防变质中毒。

3. 对用于喂水貂的蔬菜类饲料，不能长时间堆积存放或浸泡，严防引起水貂亚硝盐中毒。各种蔬菜切碎后要及时调制，以防腐烂。

4. 使用面包酵母和啤酒酵母是活菌，现用现处理。骨粉、骨灰可按用量直接拌入料中，不能与酵母、维生素 B_1、制剂混合饲喂水貂。

5. 维生素饲料、乳类以及酵母等，必须在临喂前加入，过早加入会被氧化破坏。牛羊乳加温消毒时温度要适宜（70～80℃），过高会破坏维生素，过低则起不到杀菌作用。

6. 加入药物时，一定要用量准确，搅拌均匀，以防药物中毒。禁止用铅制容器盛装水貂饲料，以防时间长了发生慢性中毒。

7. 夏季气温高，煮熟的饲料要冷却后再搅拌，以防发酵变质，混合饲料温度在8～13℃即可；冬季所喂饲料温度要高，可加温至25℃左右，以利水貂采食。饲料稀稠应适宜，非繁殖期饲料可稠一些，繁殖及哺乳期可略稀些。用绞肉机绞出的饲料要呈颗粒状，如果稀如浆糊会影响水貂适口性。加入食盐及酵母时应先和水溶解稀释后再拌入饲料。加工的各种饲料要冷配冷、热配热，切忌热对冷，以防止饲料被氧化破坏。

8. 要经常保持饲料室清洁卫生，每次用过的刀、钩、案板、粉碎机、绞肉机、搅拌机以及水貂饮食具等必须洗刷干净、定期消毒，严防细菌感染而传染疾病。饲养员也应定期进行健康查体，防止人、兽互相传染疾病。

在饲料配比小变的前提下，根据水貂类型、年龄、性别、体型、体质、体况及所处的饲养时期，确定每只种貂每日饲料给量的总体趋势为：1月陆续下降，2～3月较低水平下降相对稳定，4月逐步上升，5月以后食量放开满足供应。

（五）饲料搭配与食量掌握的原则

品种自始至终保持恒定，饲料搭配必须多样化，营养丰富，具有较好的适口性。食量掌握必须结合体况控制同时进行，食量变动必须循序渐进，不能忽高忽低。在具体掌握食量的过程中，应本着公貂高于母貂、老貂高于小貂、标准貂高于健康貂的原则。

（六）降低水貂饲料成本的常用方法

1. 降低蛋白质成本的原则：

（1）安全性：所用的廉价蛋白质饲料必须具备对水貂的正

常生理功能无任何危害，不影响繁殖和皮毛的质量等特点。

（2）经济效益与可行性：降低成本与本地饲料资源结合，不应照搬别人的经验。

2. 降低蛋白饲料成本的常用方法：

（1）提高蛋白饲料的消化率，从而降低蛋白质饲料的浪费以达到降低成本之目的。使蛋白质与其他营养成分配比合理化。蛋白质营养主要是氨基酸营养，提供齐全的必需氨基酸种类和适宜的比例以及限制性氨基酸的含量和足够的能量，是降低饲料成本的一种方法，因为饲料中各营养素的互补作用，可以使蛋白质的营养功能得以体现不同的生长阶段提供不同的营养水平。水貂的蛋白质需要量因饲养时期、性别、年龄等状况而有所不同，一般在繁殖期给高蛋白、低能量饲料；非繁殖期给低蛋白，高能量饲料同期内公貂的蛋白质供给量应高于母貂。

（2）利用廉价蛋白质原料代替昂贵蛋白质饲料：利用屠宰副产品。用屠宰场屠宰的动物内脏代替部分鱼粉作为动物性饲料，可显著降低饲料成本。在皮貂配料中，以猪血粉、蚕蛹粉、肉骨粉、酵母等按一定比例代替 $1/3 \sim 1/2$ 的进口鱼粉、水貂发育不会发生不良反应，但饲喂鱼粉全被代替的饲料，效果不理想，貂的发育受阻，同时有咬尾毛、体重减轻、毛皮成熟推迟等现象。

利用工农业副产品生产单细胞饲料。有研究利用酒精酵母代替 13% 的动物性饲料饲喂育成水貂，发现水貂食欲良好，生长发育正常。当替代量达到 17% 时，公貂相对生长速度低于对照组，对繁殖能力以及长期饲喂后水貂的安全性测定仍需观察。单细胞饲料蛋白含量低于动物性饲料，公貂生长需要蛋白质高于母貂，如果蛋白质的供给不足，易造成育成期公貂相对生长速度下降。

有资料利用蚯蚓饲喂水貂取得了极好的试验效果，料肉比几乎达到 1：1。蚯蚓的蛋白质含量为 61% ~72%，含有 17 种氨基酸，具备水貂生长所需的所有必需氨基酸，特别是限制性氨基酸如赖、色、甲硫氨基酸等。蚯蚓作为水貂的动物性饲料具有价格便宜，饲喂方便等优势。

（3）提高饲料加工质量可以有效地降低饲料成本：用膨化饲料饲喂幼貂，其生长发育的体重增长率明显高于正常饲喂，冬毛生长也快。但是，制粒和膨化过程产生的高温可以使部分蛋白质糊化，虽提高了消化率和利用率、但也可造成部分养分的损失。

水貂的生长受许多因素的制约，因此，降低饲料成本必须与管理方式和圈舍卫生等因素结合起来。更大程度地发挥水貂的生产潜力，才能做到真正地降低饲料成本。

第六章　水貂冬毛期管理

一、水貂冬毛期特点与营养需要

根据水貂不同时期的生理特点、繁殖情况、生长发育和换毛规律，结合多年的生产实践，将 9 月 21 日至翌年 1 月 15 日称为冬毛生长期。在水貂生产中，大部分养貂场都能根据水貂不同生物学时期的生理特点和营养需要，精心地进行科学饲养。但也有相当一部分养貂场，对水貂个体发育过程中各阶段的连续性缺乏认识，割裂了不同生物学时期的内在联系，片面理解只有配种期、妊娠期、产仔泌乳期才是饲养的关键，忽略了育成期和冬毛生长期的营养需要。他们只看到繁殖成败对当年生产数量的影响，却没有很好地考虑幼貂的生长发育、皮貂的毛皮质量和种貂翌年的生产效果。

进入冬毛生长期后，水貂由主要生长骨骼和身体转为主要生长肌肉和沉积脂肪，伴随秋分以后光照周期的变化，开始慢慢脱掉夏毛，长出浓密的冬毛，同时生殖器官开始缓慢发育。为此，要将幼貂进行鉴定挑选，分成种貂和取皮貂两大群分别饲养，使其从不同用途加以发展。这样，不仅有利于降低饲养成本，更重要的是有利于提高繁殖率和毛皮的质量。

（一）皮貂的营养需要

冬毛期正是水貂毛皮快速生长时期，此期新陈代谢水平仍较高，为满足肌肉等生长，蛋白质水平仍呈正平衡状态，继续沉积。

此时期蛋白质饲料比种貂低 10%，能够满足自身身体需要即可，但是蛋白质饲料中的氨基酸要全价，尤其是对毛绒有利的必需氨基酸，在动物性饲料减少的前提下每只水貂每日可加喂 1 克蛋氨酸，因蛋氨酸有将谷物性饲料强化成动物性饲料营养水平的功能。水貂的毛皮由被毛和皮肤两部分组成，角蛋白是被毛的主要成分，其中含硫氨基酸（蛋氨酸、胱氨酸和半胱氨酸）是构成角蛋白的必不可少的成分，丹麦的科学家研究报道，水貂被毛中蛋白质含量占胴体沉积的 7%～12%，其中，胱氨酸沉积量占 60%。表明水貂被毛对胱氨酸的需求非常高。水貂在冬毛生长期对胱氨酸或蛋氨酸需求量很高，而蛋氨酸可在一定范围内代替胱氨酸作为水貂机体胱氨酸的沉积来源。其研究表明，日粮中含硫氨基酸是水貂毛皮生长的主要限制因素。所以，为了获得最大的经济效益，提高水貂皮张质量，因此，此期日粮蛋白中一定要保证充足的构成毛绒的含硫必需氨基酸的供应，如蛋氨酸、胱氨酸和半胱氨酸等，但其他非必需氨基酸也不能短缺，保证水貂毛皮生长发育的营养需要。如果饲料中含硫氨基酸的蛋白质缺乏，直接会影响换毛，夏毛脱换不净，毛绒粗糙，脆弱无弹性，毛被薄，无光泽、严重时还会引起毛峰不足或毛绒勾曲，降级降价。

毛绒生长期由于换毛的需要，消耗的热量高，除了满足蛋白量以外，还要增喂一些含脂肪高的饲料，此时期要增加含脂肪、糖类饲料，有利于水貂长大体型，增大皮张面积，脂肪能增加毛皮的光泽度；而且取皮貂的饲养不需要控制体况，以偏肥为好。体况肥表示体内积存的脂肪多，这样，既能节约蛋白质饲料，又能提高毛绒质量，日粮组成时，谷物饲料应比种貂提高 1/3 热量在 1.13～1.46 千焦。选用一些含脂率比较高的动物性饲料，使脂肪饲料在饲料中的含量达到 50%，糖达到 30%。如饲料组成中脂肪含量仍不足，则应另外添加些羊脂、棉籽油等，最好是动物性脂肪和植物性油脂混合后添加，这样能够保证水貂饲料中脂肪酸的全价营养。

矿物质和多种维生素是水貂不可缺少的补充饲料。水貂饲料中矿物质和维生素添加见表 6－1。饲料中加喂些维生素 B_2、黑豆粉、芝麻油渣等营养物质，有利于毛色素的形成，使毛绒色泽好，针毛有亮度。微量元素铜是毛皮色素形成和纤维角质化中必不可少的成分，对毛皮动物的固色相当重要，缺铜容易导致被毛色泽减退甚至脱色；水貂对维生素的合成能力低，缺乏时又非常敏感，会明显地降低繁殖力和生命力，多发疾病，威胁貂群健康，必须在饲料中特别补加。维生素 A 能够保证皮肤和毛发的健康生长，可使皮肤柔软细嫩，缺乏维生素 A，可使上皮细胞的功能减退，导致皮肤弹性下降，干燥，粗糙，失去光泽；维生素 B_3 与蛋白质、脂肪的代谢有密切关系。缺乏时，幼兽虽食欲不减，但生长发育受阻，体质衰弱，冬毛生长期会使毛绒变白；维生素 B_1 水貂体内基本上不能合成，全靠饲料来满足需要。当缺乏时，糖类代谢能力及脂肪利用率迅速减弱，出现食欲减退，消化紊乱，后肢麻痹，颈强直、震颤等多发性神经炎症状；维生素 PP 对机体新陈代谢起重要的作用。缺乏时，出现食欲减退、皮肤发炎、被毛粗糙等症状。水貂所固有的优良毛皮品质有些性状是先天决定的，为了更好地表现和发挥其优良性状必须在后天的生长发育中，通过科学的饲料及营养供给，才能获得优质皮张，仅有良种但缺乏科学的饲养，也生产不出优质的皮张。被毛的生长发育主要依赖于动物性蛋白质，故饲料和营养应保证蛋白质尤其是冬毛生长期蛋白质的需要。

表6－1　冬毛生长期配合饲料添加量（克）

酵母	羽毛粉	食盐	蛋氨酸	维生素 A（单位）	维生素 E	维生素 B_1	维生素 C
2	2	0.2	0.3	500	5	5	12.5

　　此期间的鲜饲料的饲养标准，动物性饲料达到 60% ~ 70% 即可，即：鲜蛋或畜禽肉 30%，鲜小杂鱼或优质进口鱼粉 15%，谷物粉 20%，蔬菜 10%，新鲜牛、羊乳 5%（为降低成本可以不用，可用小杂鱼，各种畜禽下杂、兔副产品等多种饲料搭配使用），兔、鸡骨架 10%，畜禽血液 10%。若饲料中脂肪含量仍不足，可加植物油 0.5 ~ 1 克／（日·只），也可用高温后的痘猪肉汤拌饲料，以增加其肥度和毛绒的灵活性和光泽度，另外添加适量的水貂饲料添加剂，每只貂添加 1 克蛋氨酸，有利于毛绒生长。

　　科学的饲养就是既要适时又要适量，此时日供给的混合饲料每只水貂不能低于 300 ~ 400 克，其中蛋白质含量不能少于 35 克。在饲喂时，根据公母貂体型大小、食量大小分别给食，让每只貂吃饱吃好，以不剩食为宜。此时期添加兔、鸡骨架要适量，因为兔、鸡骨架中含有大量的磷钙物质和微量元素，能有效地防止此期水貂的"食毛症"。但是矿物质饲料过多会造成针毛勾曲，降低毛皮质量，饲喂时绞肉机绞得越细效果越好。畜禽血液中含有多种氨基酸，能加快水貂冬毛的生长，并能增加水貂毛绒的黑色素，提高水貂皮的毛皮质量。畜禽血液的加工方法很简单，就是把畜禽血液放在锅里，放适量的水，加火烧开，即制成血豆腐，再用绞肉机绞碎掺合在饲料里即可饲喂。

　　为了提高养殖户的经济效益，降低饲料成本，研究表明冬毛期水貂饲喂干粉料日粮基本能够满足营养需要，不会减低毛皮质量，也可以干粉料和鲜饲料混合饲喂。干粉料日饲喂量为 150 ~ 250 克，对水后的湿料相当于 250 ~ 400 克，其蛋白质含量建议为 32%，脂肪含量建议为 20% ~ 25%。植物性饲料（豆粕、玉米粉、玉米蛋白等）建议为 20% ~ 35%；动物性饲料（肉骨粉、羽毛粉、血粉等）建议为 50% ~ 60%；油脂建议为 14% ~ 17%；其他饲料添加剂和盐约为 5%。冬毛期一般日喂 2 次，早晨喂日粮的 40%，晚上喂日粮的 60%。具体的饲喂量以貂的实际个体大小确定，每次食盆中应稍有剩余为宜。

（二）水貂冬毛期饲养管理要点

水貂的饲养管理工作是分阶段进行的，但各时期都不是独立的，而是密切相关、互相影响的，每一个时期都是以前一个时期为基础的，各个时期都是有机联系一环紧扣一环的，只有重视每一个时期的各项日常管理工作及关键时期的重点管理工作，水貂生产才能获得成功，其中的任何一个环节出现失误，都将给生产造成无法弥补的损失。冬毛生长期加强饲养管理，才能提高毛皮质量，从而达到理想的经济效益。

每年进入 9 月，天气开始转凉，应做好水貂换毛期全部准备工作：首先要将水貂的笼箱进行一次检修，小室破损不能防寒保温应及时修好。然后再将貂棚的四周特别是貂棚北面实行严密遮挡，防止西北风大雪天的侵袭。10 月中旬以后，为了减少饲养成本，获得最大的经济效益，种貂和皮貂要分开饲养。种貂放在貂棚阳面饲养，增加光照以利于性器官发育。

二、取皮貂的饲养管理

皮貂主要目的就是为了获得优质毛皮，能否获得优质水貂皮提高皮张售价，增加养貂者的收益，按同窝所生两公或两母，或异窝所生一公一母，放在一个笼内而且应该在貂棚阴面饲养，最好在皮貂笼的上方挂上布帘，以防阳光直射，此种饲养方法不但能增加水貂的食欲，加强其运动，而且能避免阳光直射使毛绒褪色，使标准毛皮变淡发黄，降低出售等级。

窝箱内的钉尖和笼具上多余的铁丝，要及时去掉，防止毛皮被划破或磨损。保持毛皮光洁，首先要保持窝箱清洁干燥，窝箱里添加垫草，最好是胡麻草或乌拉草，所用的垫草必须经过碾压、日晒消毒后方能使用，此时应及时给水貂添加垫草，不仅能减少水貂本身的热量消耗、节省饲料、防止感冒，而且还能起到疏毛、加快毛绒脱落的作用。最后就是注意给水貂梳通毛绒，此期间由于水貂毛绒有大量脱落，加之饲喂时水貂身上粘上一些饲料，很容易造成水貂毛绒缠结，此时如不及时梳通，就会影响以后水貂皮的质量。所以，此期间一定要搞好笼舍卫生，保持笼舍环境的洁净干燥，应及时检查并清理笼底和小室内的剩余饲料与粪便。此时期应保证饮水充足，绒毛生长期饮水缺乏，会使各种饲料不能充分利用，影响机体的代谢机能和毛绒生长。所以要经常不断的供给清洁饮水，并注意及时更换。及时维修笼舍，防止粘染毛绒或锐利物损伤毛绒。一些地域冬季气温相对较高，公兽笼内没设小室，为了避免寒流的突然袭击，应做好防寒设施，在舍棚两侧钉上防寒塑料布。在做好防寒工作的同时，一定要保证兽舍通风良好。冬毛生长期，一定要注意经常观察换毛情况及冬毛长势。做到早发现、早采取措施。如发现其自咬，应根据自咬部位采取"套脖"或"戴箍嘴"的办法。以防破坏皮张。遇有毛绒缠结时应及时进行活体梳毛。因此，为水貂梳通毛绒，应掌握在10月中旬取皮前的20天，使用被毛改良剂，可以有效改善被毛质量，毛绒粘结的进行梳通毛绒，过晚被梳掉的针毛长不上来，因此，梳通毛绒的工作必须适时进行。

梳通毛绒的方法：即1人将水貂抱定，1人用较细的梳子进行梳理，梳通时要注意不管水貂周身有无缠结毛，要逐个进行梳理，因为通过梳理，还能刺激水貂毛绒的快速生长，水貂脱落的毛绒被梳掉以后，脱落的毛减少了，就不会再次发生缠结毛了。

监察冬毛生长和成熟进度，改进对皮貂的饲养管理：皮貂冬毛从夏毛脱落开始生长，至成熟时需要 3 个月的时间。如因饲养管理不当，冬毛的成熟时间推迟，会影响皮貂的及时取皮。因此整个冬毛生长期要定期监察皮貂的换毛、冬毛生长和成熟的进度情况。一般的正常管理情况下，至 9 月下旬除头部和尾根部外全身夏毛基本脱完，至 10 月下旬，冬毛趋于成熟，至 11 月中旬，冬毛成熟。如监察中发现冬毛生长发育速度缓慢或停顿时，说明饲养管理上存在问题，应及时找明原因，采取相应的改进措施。

11 月对水貂进行分级，以毛皮质量为主要根据，根据水貂活体体重与干皮长的回归方程（张志明，2003）（表 6 - 2）和水貂皮等级分类得出：毛绒平齐，灵活，颜色纯正，光亮，背腹基本一致，针绒毛长度比例适中，针毛覆盖绒毛好，绒毛长短适度，被毛致密。可列为一级貂群中；毛色纯正，较光亮，毛绒较空疏，两侧缺针，毛绒灵活，皮板的次要部位稍带夏毛或有轻微塌脊者，可列为二级貂群中；毛色呈褐色，无光泽，有自咬、擦伤和白撮毛等为三级貂群。在此基础上，选择窝产仔数、多体型良好的留种。注意掌握毛皮成熟期，适时取皮，不要过早。此期皮貂应注重光照调节，按自然光照进行饲养；还可考虑应用褪黑激素或采用控光技术使毛皮提前成熟，以减少饲料消耗和节约人力成本。

表 6 - 2　水貂皮尺码转换成活体重（估算）

尺码号	干皮长（厘米）	公貂体重（千克）	母貂体重（千克）
000	>89	3.04	—
00	83 ~ 89	2.58 ~ 3.04	—
0	77 ~ 83	2.12 ~ 2.58	2.10 ~ 2.53
1	71 ~ 77	1.66 ~ 2.12	1.68 ~ 2.10
2	65 ~ 71	1.20 ~ 1.66	1.25 ~ 1.68

（续表）

尺码号	干皮长（厘米）	公貂体重（千克）	母貂体重（千克）
3	59～65	0.74～1.20	0.82～1.25
4	53～59	0.28～0.74	0.39～0.82
5	＜53	＜0.28	＜0.39

三、毛皮成熟、取皮

（一）毛皮结构及成熟

水貂的皮肤厚度为0.14～0.3厘米，由表皮层、真皮层和皮下组织层构成。因其毛绒发达，所以其表皮层很薄，仅由角质层和生长层组成，有毛被附着。角质层是生长层不断分裂和老化细胞的产物，常发生脱落现象。真皮层位于中间，是毛皮的最基本一层，是表皮的支撑物。它由胶原、弹性、网状三大纤维及毛囊、皮脂腺、色素细胞等构成。三大纤维有很大的机械强度，是皮板的物质基础。皮下组织层是由疏松结缔组织构成，积聚大量脂肪和一部分肌肉，对皮板有很大的危害。在毛皮初加工时有碍水分的蒸发，对皮张干燥不利，否则在皮张风干中，脂肪会使水分蒸发缓慢，一旦温度适宜，细菌便生长和繁殖，造成皮张受闷脱毛，因此在初加工时要全部除掉（刮油）。

水貂的毛被是由弓锤形的针毛和圆柱形的绒毛构成。每根毛纤维，伸出皮肤外的部分是毛干，埋在皮肤内的是毛根。毛干由鳞片层、皮质层和髓质层构成。鳞片层受皮脂腺分泌的皮脂的滋润作用，相互间排列平顺紧密，因而使毛被光亮不枯燥，并使毛纤维竖立、坚挺，富有弹性。但是，毛纤维上的皮脂在紫外线、高温等条件下会遭到破坏，鳞片因缺少皮脂的保护和滋润其排列

养貂技术简单学

会发生变化，使毛纤维变得弯曲。因此，取皮以后，皮张要采取风干或放置阴凉处阴干等办法，切不可放在日光下暴晒以免造成毛峰勾曲。

毛被的天然颜色是鉴定毛皮质量的关键，天然颜色取决于蛋白质和碳水化合物的供给，皮脂腺和汗腺分泌。当然，矿物质、色素和光照也有一定的作用。水貂属于周期性季节换毛动物，换毛是动物体的皮肤及其衍生物（毛被）对变化了的外界环境的一种适应现象，是动物在进化过程中巩固下来的，具有保护性机能的复杂的生理性适应。影响换毛的因素很多，但最主要的是光照和温度，以光照为主。在短日照的条件下，水貂冬毛才能生长发育，11月下旬到12月上旬冬毛完全成熟。

水貂的皮张成熟时间与品种和饲养管理及所处的地理位置也有差异。确定取皮的具体时间，要根据皮张成熟的实际程度来定，一般都在大雪到冬至的15天的时间里陆续取皮。一般高纬度地区较低纬度地区早些；彩色水貂较黑褐色水貂早些，白色水貂应在11月10～15日，珍珠色和蓝宝石水貂应在11月10～25日，咖啡色水貂在11月20～28日，暗褐色和黑色水貂在11月25日至12月10日；老貂较当年貂早些；母貂比公貂早些；健康的也较病弱的早些。开始取皮的时间必须认真根据毛绒成熟的外观鉴定试剥效果来确定。取皮的初期还应特别注重个体的毛绒成熟鉴定，成熟一只剥一只，成熟一批取一批，以确保毛皮质量。

毛皮动物取皮时间，取决于毛皮的成熟程度，为了及时掌握取皮时间，屠宰前应进行毛皮成熟鉴定。其标志是：其毛被平齐，灵活，底绒丰满，针毛平齐、直立，光亮而华丽，被毛灵活、色泽光润，头部无夏毛，尾毛蓬松，当动物转动身体时，颈部和躯体部位出现一条条"裂缝"，用嘴吹开尾根或臀部被毛时，如果见到皮色已成灰白色、淡粉红色或玫瑰色，说明色素已

· 146 ·

集中到毛绒上，冬皮已经成熟；如果活体皮呈浅蓝色，则皮板将是黑色的，还有大量的色素存在皮里，这说明毛皮尚未成熟。从时间、外观、活皮上看，毛皮已经达到成熟时，饲养户就可以通过试宰，进一步观察毛皮是否成熟。试宰剥皮时，如结缔组织松软，皮肉易于分离，刮油脂时省力，剥取的皮板呈洁白颜色，或者仅在尾尖和趾端有少量的黑色素，则为成熟的冬皮。如果在尾根、躯体和四肢发现大块的黑色素，说明是不成熟的皮张，还要继续饲养一段时间再剥皮。

取皮过早或过晚都会影响毛皮质量，降低利用价值，减少等级收入。如果取皮时间延迟到小寒以后，即属冬皮老化期了，毛绒长而勾曲，枯燥而无光泽，使毛绒的质量、色素、皮张的柔软程度都要受到影响，并且要多消耗饲料，增加饲养成本。所以一定要掌握适时取皮，获取优等水貂毛皮，以取得最佳的经济效益。有些养貂者为降低成本，而采用低劣、单一的动物性饲料，甚至以大量的谷物和蔬菜代替动物性饲料饲养皮貂。结果因机体营养不良而出现大批带有夏毛、毛峰勾曲、底绒空疏、毛绒缠结、枯干零乱、后档缺针、食毛症、自咬病等明显缺陷的皮张，严重降低了毛皮质量，减少了经济收入，应引起高度重视。

现在大多数貂场通过植埋激素的方法饲喂取皮貂，注射过褪黑激素的貂称为激素貂，一般在（6月下旬）分窝后开始植埋激素，埋激素期要饲喂冬毛生长期的饲料。植埋后30天开始换毛，同时食欲旺盛、采食量增大，活动量减少，体重增长加快。10月中旬毛皮成熟，全身无残留夏毛，绒毛蓬松丰满，尾毛蓬松直立。激素貂皮皮板呈白色，烘干后皮板手感柔软，抖动时毛绒灵活，色泽光亮。熟皮早，收皮也早。埋植褪黑激素约100天即可去皮，可提前50~65天售皮，能节省饲料支出10~15元/只。

（二）毛皮的剥取及初加工

1. 处死方法：

（1）折颈处死法：手握水貂使之腹向下，放在坚固平滑的物体上，用左手抓住水貂的背部并向下压住胸部，用右手抓住头部并托下颌部向后方屈曲，紧接着左手向前用力推按即可听到骨折声，第一颈椎与头部就脱节了，因脊髓神经损伤而死亡。应防止因用力过猛压碎鼻骨，出现流血而污染毛皮，若发生出血，可将水貂身体倒置。如果已经污染了毛皮，应先用麸皮或锯末搓洗，再用凉水浸泡数分钟，待无血迹时剥皮。

（2）心脏注射空气法：一人将貂仰卧固定，另一人左手摸准心脏位置，右手将注射针头从胸侧扎入心脏（深约1.5厘米），见到回血时，注入空气5~10毫升，水貂即可致死。

（3）药物致死法：用水稀释10倍后的氯化琥珀胆碱（司可林）肌肉或心脏注射0.2~0.5毫升即可致死。

（4）电击法：将连接220伏电压水貂的电击棒金属棒插入水貂肛门内，一头让水貂咬住，接通电源，5~10秒钟死亡，电击处死法好，但要注意安全。

（5）废气窒息法：将50~100头水貂用串笼装好，放入一个密闭的木箱中，箱壁装一条直径3.5厘米通气管，把汽车废气由此管注入密闭木箱中，5~10分钟水貂可全部死亡。此种方法通常用于大量屠宰标准色型的水貂。处死的貂，必须平放在清洁的麻袋上或铺有0.3~0.5厘米的稻草上待剥皮。

2. 剥皮：剥皮应与处死结合进行，最好是随处死随剥皮，处死半小时后进行剥皮，此时剥皮不易发生流血污染皮板和毛绒。尸体未冷僵之前皮肉易于分离，貂尸不应长久放置（以不超过3个小时为宜），否则会因皮肤中蛋白质及胶原纤维被破坏使毛绒脱落。按照商品规格的要求，水貂皮应剥制成鼻、眼、耳、唇及后爪完整的筒皮。

挑裆（图6－1）　将屠宰的水貂仰卧在操作台上。用挑刀或剪刀由后肢的爪掌中间沿后肢内侧长短毛分界处横过肛门前缘（离开肛门3厘米）直至另一后肢的爪掌中间挑第一刀，然后从肛门下方沿尾腹面中线向尾尖挑第二刀。约占尾长的2/3处，剥离将尾骨抽出。再去掉肛门前一小块三角形毛皮，使上楦后下裆平齐。

剥皮　先剥两后腿和尾的皮，剥到趾的第一关节处剪断，使爪留在皮上并被皮包住。然后再剥生殖器周围及臀部皮（注意剥公貂皮时要先将阴茎骨剪断，剥母貂皮时要注意乳房周围）。最后可将一后肢挂在剥皮台的钉子上悬空倒挂，两手均匀的抓住皮板后端向前剥离。剥耳根和眼时，要将耳壳基部、眼周、鼻尖紧贴头骨剥断，使眼、耳、鼻保持完整；剥唇周围时要割断上下唇皮肤。在剥皮过程中用力要均匀，为了防止血液和油脂污染毛绒，剥皮时应边剥边用麦麸（或锯末）搓手和洗皮板。

图6－1　工人正在挑裆（摄于名威貂业）

3. 初加工：

（1）刮油（图6－2，图6－3）：即用刮油刀将皮板上的皮下脂肪和残肉等刮除。刮油前先将剥好的筒皮冷冻几分钟，待脂肪凝固后开始刮油（因脂肪凝固后刮油容易，且不易使油污染毛绒）。刮油时毛绒向里套在直径为4.0~4.5厘米的胶管或木棒上。要首先刮掉尾上和皮板后边缘的脂肪及结缔组织，然后将后肢与尾拉平用左手抓住，右手持刮油刀由臀部向头部方向逐渐向前推进刮油，直至耳根为止。在刮油时为了防止脂肪污染毛绒，应边刮边用麦麸或锯末搓洗手指和皮板；刮油时持刀要平稳，用力要均匀，以刮净脂肪、残肉和结缔组织为好。如果脂肪、残肉和结缔组织刮不净可用剪刀剪掉。使用刮油刀的钝、快，随刮油技术熟练程度而定，初刮者宜用钝刀，熟练者可用快刀，以不损伤毛皮为标准。母貂皮的腹部很薄，乳头周围更薄，刮到这些部位时要加倍小心，用刀要轻，也可用刀背刮，以防伤皮，刮公貂皮生殖器周围时也应注意这一点。

图6-2　刮油（摄于名威貂业）

（2）洗皮和上楦

洗皮（图6-4）：将刮完油的皮板首先用剪刀将头部、爪及皮张边缘等处的残肉和结缔组织修剪，然后用麦麸或锯末把皮板

图 6 - 3　刮油后的水貂皮（摄于名威貂业）

上的脂肪和污物搓洗干净，搓至皮板发干不沾麦麸为止，然后把皮板上的麦麸刷净。再将皮板翻成毛朝外，用干净麸皮搓洗毛绒，搓至毛绒干净且有亮光为止，最后把皮板和毛绒上的麦麸刷净。注意洗皮用的麦麸或锯末一定要用细筛筛掉细粉，同时也不能用针叶树的锯末。

上楦（图 6 - 5）：为了使皮张保持一定的形状、面积和有利于干燥，要将洗好的筒皮分别公、母用楦板上楦。上楦的方法有2 种。

一次上楦法，先将楦板前端用麻纸斜角形式缠住，把毛绒向外的貂皮套在楦板上。貂皮的鼻尖端要直立的顶在楦板尖端，两眼在同一平线上。手拉耳朵使头部尽量伸长，要将两前腿调整，并把两前腿顺着腿筒翻入内侧，使露出的前腿口和全身毛面齐。然后手拉臀部下沿向下轻拉，使皮板尽量伸展，将尾部加宽缩短摆正，固定两后腿使其自然下垂，拉宽平直靠紧后用铁丝网

图 6 - 4　洗皮（摄于名威貂业）

压平并用图钉固定。

二次上楦法，第一次上楦板时，使毛绒向里皮板向外套在楦板上，方法同前。待皮张干至六七成时，再翻皮板毛绒朝外形状，上到楦板上进行干燥。此方法使貂皮易于干燥而不易发生霉烂变质，但较费工。干燥程度掌握不准时常易出现折板现象。

（3）干燥：上楦板的皮张要当天送到干燥室，使之腹向下，将楦板底端斜插在干燥架中或四周墙壁上，以防止皮板结冻或发霉。烘干皮板的温度不能太高，严禁暴热和暴烤，以防出现毛峰弯曲、焦板皮和闷板脱毛现象发生。干燥室应控制在 25~30℃，因此，干燥室必须设有排除和导入空气设备。

（4）下楦板：皮张干到九成左右即可下楦板。下楦板时，首先把各部位图钉去净，然后将鼻尖若鼻尖干燥过度，楦板抽不下来，可将鼻端沾水回潮后再进行下楦，也可用一个光滑的细竹棒沿楦板两侧的半槽处轻轻的来回移动，使皮板离开楦板。下楦

图6-5 正在上楦（摄于名威貂业）

时不能用力过猛，以防把鼻端扯裂（图6-6）。

（5）修整：为了保持皮张原有的光泽，干燥后的皮张需要再一次用麸皮或锯末搓洗掉灰尘和油污等，洗皮后抖掉夹在毛绒里的灰尘。最后对缠结毛、咬尾、白杂毛等进行必要的修剪（图6-7）。

（6）验等和包装：可根据国家规定的规格进行初步按质分等。验案上方70厘米高处要设两盏80瓦日光灯，光下验质，验皮案板最好是浅蓝色。然后按公、母皮分级归类，背对背，腹对腹的每20张捆成一捆。打捆时要用纸条缠好头部，然后在纸条上用绳捆好，包扎的松紧要适中，箱内用纸垫衬，捆扎好的皮张即可装箱。

图 6 - 6　上完楦的水貂皮（摄于名威貂业）

图 6 - 7　处理完待售的水貂皮

第七章　水貂常见病诊治

一、疾病诊断和卫生防疫

水貂疾病的诊断过程是通过病貂的临床症状、尸体解剖以及必要的实验检查等手段，来确定疾病的性质、发展趋势、发生起源等的综合过程，以及确定具有针对性的治疗措施。有些疾病仅通过临床症状结合季节常发性就可以做出初步判断，比如，季节性肠炎、自咬症等。有些疾病必须结合尸体解剖，根据病理变化才能做出初步判断，如水貂的阿留申病、结石病、黄脂肪病等。还有一些细菌或者病毒性疾病必须通过实验室检查才能确诊。

1. 临床诊断：水貂的临床诊断主要是视诊、问诊、触诊和听诊。

（1）视诊：观察水貂精神状态，包括：眼神是否明亮、有无龇泪、眼屎，鼻镜湿润还是干燥，被毛光亮顺滑还是粗糙杂乱，粪便形状和颜色是否正常，饮水采食是否正常等，争取治病于未发。

（2）问诊：询问饲养员饲喂过程有无异常，包括采食量、饮水量、活动、粪便等。

（3）触诊：通过触摸判断是否有脓肿、结石等。

（4）听诊：可直接用耳或者借助听诊器，根据正常情况下各器官律动行的音响，如心跳、呼吸音等，判断水貂的发病情况。

2. 尸体解剖：尸体解剖是将水貂的尸体解剖检查其内脏病

理变化的一种疾病判断方法。通过解剖尸体，不仅可以确定各内脏器官的病变，还可以印证临床诊断的正确性。剖检的准备工作及注意事项。

（1）尸体剖检应在固定地点进行，将尸体放在容器中（最好是搪瓷盘，以便于消毒），尸体被毛如有污染应先用水冲洗干净，剖检者应穿工作服、胶靴，戴手套、口罩，准备好手术刀、剪子、骨钳、镊子等器械。

（2）尸体应尽可能的新鲜，最好死后立即剖检。死亡时间过长的水貂不能送检。需要送检的尸体，夏季应冷藏运送，不可冷冻。剖检后的器械、衣物、房间应及时消毒，尸体及污染物要送到固定地点深埋或者焚烧，不得随意抛弃。认真做好剖检记录（表7-1）。

剖检方法如下。

（1）外检：观察尸体的营养状况，一般死于慢性疾病的水貂，尸体消瘦，被毛杂乱；死于急性病的水貂，一般尸体胖瘦正常，不会明显消瘦。在观察尸体有无外伤、肿胀，鼠蹊部有硬结等，若有硬结则可能是患有黄脂肪病。

另外，还需要注意，可视黏膜包括眼、口、鼻、肛门等的颜色，发白是贫血的特征；发紫是血液循环障碍导致的淤血，如中毒、呼吸困难等；发红是充血或者出血的症状，多是由高热或者传染病引起；发黄多为黄脂肪病。

（2）皮下检查：将水貂尸体剥皮，检查皮下脂肪的数量和颜色，正常颜色发白，黄脂肪病脂肪黄染。然后在观察有无肿胀浸润等情况。

（3）剖腹检查：将尸体腹面向上平放，从肛门沿腹中线向上剖开，先注意有无特殊气味，如嗅到蒜辣是砷中毒，嗅到葱味是磷中毒。然后再检查腹腔内有无液体，如果有大量的腹水为肝、肾慢性炎症；有内脏出血，这种情况多数是肝、脾大血管破裂造成的；如果有粪便或者食物残渣，则是胃肠穿孔破裂造成的。在产仔期死亡的母貂，应注意其子宫变化，看是否有出血情况。

（4）腹腔内脏检查：主要观察各内脏器官的大小、颜色、质地、有无出血、充血、淤血、坏死、异物等。

先检查肾脏的包膜是否容易剥脱，包膜下有无出血、坏死，在切开肾脏观察断面皮质和髓质部，注意有无结石、寄生虫等。再观察肝脏，大小、颜色、硬度，注意肝小叶是否清晰，再切开肝脏观察断面。阿留申病和某些传染病的肝、肾变化较大。检查脾脏的颜色、质地、大小等，某些传染病可使脾脏高度肿胀，如炭疽等。观察膀胱内是否有尿液积留，表面有无出血，并观察和触摸判断有无结石。观察胃肠道浆膜有无出血、破口、肿胀，再纵切肠管，观察黏膜有无出血、溃疡、内容物等，然后检查肠系膜淋巴结的大小，切开观察断面有无出血。观察子宫大小，检查内部胎儿数量、发育、以及自宫黏膜情况。

（5）开胸检查：注意有无积液，区分胸液性质，即浆液性、纤维性或化脓性。胸壁与肺脏是否粘连，胸膜有无出血。

（6）胸腔内脏检查：先观察心脏的心包膜有无异常，切开心包观察心外膜有无出血，再切开各房室检查心内膜有无异常。在观察肺脏大小、颜色和病变，把病变部分置于水中，正常肺漂浮于水面，水肿肺在水平面下，肺炎或无气肺沉于水底。在检查器官和支气管黏膜，观察有无出血或者分泌物。

（7）脑的检查：先用剪刀把头部肌肉剥离，再用骨钳打开颅腔，露出脑，观察其颜色、有无充血、出血等。

表7-1 水貂各内脏器官的正常形态

内脏名称	颜色	长（毫米）× 宽（毫米）	形态
心脏	深红	（30～35）×（23～27）	圆锥形、分左、右心房心室
肺脏	粉红	（50～60）×（50～60）	左肺分尖叶、隔叶，右肺分尖叶、隔叶、心叶和中间叶
肝脏	紫红	（60～70）×（60～70）	分六叶：左、右、内外叶、方形叶、尾状叶
肾脏	棕褐	（25～35）×（10～15）	呈豆状，表面光滑
脾脏	深紫	（45～70）×（15～20）	呈长扁带状
胃脏	灰白	（40～50）×（15～20）	呈横卧的袋状
肠道	灰白	1 500	
膀胱	粉白	30×25	呈梨状
脑	粉白	50×40	分左右两半球，表面有许多沟回

3. 实验室诊断：实验室诊断的方法和内容很多，如尿常规化验、粪便检查、细菌病毒培养及病理切片等。一般养貂户或小型养貂场不具备实验室条件，可以把病貂或者病料直接送往有关部门进行实验室诊断。

送检尸体应该选择新死亡或者濒临死亡的个体，将尸体装入保温箱中，放少量的冰袋，防止高温造成尸体变质。送去病料的，应将病变部分剪下，置于自封袋中，各脏器单独存放，做好记号，用放有冰袋的保温箱送检。

4. 给药方式：病貂经过诊断后，应及时给药，一般的给药方法有以下几种。

（1）内服法：将药物与食物或者水混合，通过水貂的采食或者饮水服下，在机体内发挥作用。对于已经不吃食的水貂，可将药物研磨成细粉末，送入病貂口内，使其食入。

（2）注射法：分为皮下注射和肌内注射。皮下注射是将药物注入皮下组织中，适用于药量大而无刺激性的药物，如补液、血清注射等。注射部位多在肩胛部皮下或背部脊椎骨两侧。皮下注射量大的话，应该多点注射。肌内注射的药物比皮下注射的药物吸收得快，见效也快。一些有刺激性的溶液和高渗液，均适合于肌内注射，如青霉素、复合维生素 B 等。肌内注射应选择肌肉丰满的部位，如臀部、后肢内侧、颈部均可。

（3）外敷法：是将药物直接涂于患处的皮肤上，使药物通过表皮吸收入皮肤深层发挥作用。

（4）吸入法：这种方法多用于水貂的全身麻醉。即将挥发性药物通过水貂呼吸道吸入体内。

（5）直肠给药法：就是把药物从水貂的肛门处注入直肠，以达到治疗全身或者局部疾病的目的。此法多用于下泻疾病的治疗以及补液和麻醉等。

5. 卫生防疫：随着养貂业的迅猛发展，出现的疾病也越来越多，越来越复杂。发病的原因无外乎饲料、环境、传染病。水貂是生命力比较顽强的动物，抗病力比较强，发病初期症状不明显，一旦出现明显的症状，再治疗，一般很难奏效。所以，应该严格贯彻"预防为主、防重于治"的方针。养殖场应该从以下 3个方面做好卫生防疫：

（1）饲料方面：动物性饲料要求来源可靠，不使用病死动物作饲料，不使用来自疫区的动物性原料，存放于 −18℃的冷库，确保新鲜；植物性原料要存放于阴凉干燥处，不使用霉变原料，一批加工好的原料使用期 1 个月为宜；保持饲料室清洁卫生，各类原料排列有致，防鼠防蝇，定期消毒。

（2）环境：水貂棚舍应该合乎标准，保证冬季有足够阳光照射时间，夏季干燥凉爽。及时清理杂草、粪便、污水，防止蚊蝇滋生。水盒、托食板要每天清理，更换新水，防止腐败变质。夏季要经常清理水貂小室，防止叼入小室的饲料未能完全采食，剩余的饲料酸败引发胃肠疾病。病死貂要及时隔离，所使用的笼、箱要彻底消毒。水貂饲养区严禁饲养其他动物，以免交叉感染。场区入口设置消毒池或者消毒室，防止带入病原微生物。

（3）传染病：对于危害性特别大又常见的传染病要接种疫苗。一般水貂每年两次接种细小病毒性肠炎、犬瘟热，可根据不同地区传染病流行情况选择其他疫苗接种免疫，比如，绿脓杆菌疫苗、巴氏杆菌疫苗等。

二、传染性疾病防治

（一）水貂犬瘟热

水貂犬瘟热是有犬瘟热病毒引起的急性接触性传染病。其主要特点是双峰型发热、黏膜炎、卡他性肺炎、皮肤湿疹和神经症状。

【病原】存在于患病貂的血液、唾液、眼鼻分泌物以及各脏器器官等。该病毒对温度和消毒药的抵抗力不强，55℃下经过1小时，60℃下经过半小时，即可致死。对消毒药物如百毒杀、来苏儿等抵抗力弱。对干燥和低温环境有较强的抵抗力。

【流行病学】该病的主要传染源是患病动物和狗。自然条件下犬科动物、鼬科动物及部分浣熊科和猫科动物均可感染。患病动物的鼻眼分泌物、尿、唾液、剩料、水源和笼舍用具等均可传播该疾病，还可以通过阴道分泌物传播。

该病没有明显的季节性，一年四季均有可能发生。病程轻重程度取决于机体抵抗力、病原体的毒力和貂场的防疫措施。

【临床症状】该病的潜伏期通常为7天到3个月不等，根据临床表现认为分为急性型（脑炎型）、亚急性型（混合型）、慢性型（皮肤黏膜型），3种类型之间不存在严格界限。一般情况在疫病发生初期病程较长，多为慢性型经过，不易引起重视，到病程中后期，逐渐转变成急性型。

急性型（脑炎型） 突然发病、翻滚、尖叫、抽搐、口吐白沫、头颈后仰或咬住笼网。数次发作之后，身体瘫痪无力，病程1～3日内。有的仅有1～2次发作，随即死亡。发作时体温一般在42℃以上。

亚急性型（混合型） 病貂眼睛含泪，鼻孔湿润、流涕，随病程发展结膜炎、鼻炎加重，脓性分泌物粘连眼睑。鼻镜干燥，呈现龟板样纹裂，鼻孔脓性分泌物增多，鼻端粘有豆腐渣样物。有的病貂鼻端、嘴周围肿胀，体温达到41℃以上。病貂被毛蓬乱无光泽，精神倦怠，食欲不振甚至废绝，毛丛中散布谷糠样皮屑。少数病貂脚掌高度肿大，脚趾间溃烂。病貂散发一种特殊的腥臭味。初期排黏液性蛋清样稀便，后期大部分病貂后期麻痹、共济失调，呈现拖曳前行，也有头部歪斜、肌群震颤现象，粪便呈现煤焦油状。病程一般为3～10天，极少数能够耐过存活。

慢性型（皮肤炎症型） 病貂以皮肤病变为主，鼻脸部肿胀，眼睑边缘皮肤发炎、脱毛、变厚、结痂，形成眼圈。毛丛内有麸皮样皮屑。四肢脚掌肉垫增厚变硬，为正常时的5～6倍，又称为"硬足掌症"。病程一般20天以上，部分病貂可以自愈。

【诊断】根据病史和典型症状，可作出初步诊断。也可利用犬瘟热试纸条检测，必要时可做包涵体检查。

【防治】预防：每年全群注射两次水貂犬瘟热疫苗；严禁使用来自疫区的饲料原料；对患病貂的笼舍、用具、粪便、地面彻底消毒；焚烧或者深埋病貂尸体。

治疗：该病没有特别有效的治疗方法。为防止继发发性感染，可对症下药，可使用抗生素类药物控制其他细菌性并发症以延缓病程。结膜炎、鼻炎病貂可使用抗生素滴液，延缓发展。

（二）病毒性肠炎

水貂病毒性肠炎是由病毒引发的急性传染病。病貂的主要特征是：粪便中含有灰白色的脱落黏膜、纤维蛋白和肠黏膜液构成的管柱状物，白细胞显著减少和严重的胃肠黏膜炎性变化。

该病对幼貂危害极大，能引发很高的死亡率。患过该病自愈的幼貂，可获得长期的免疫效果。

【病原】该病的病原体是细小病毒科、细小病毒属的水貂肠炎病毒。该病毒对外界的抵抗力较强，在一般环境中可存活一年；56℃条件下，半小时不丧失生活力，100℃下可以杀死病毒；0.5%甲醛或者苛性钠溶液，在室温条件下12小时失去活力。

【流行病学】该病主要有直接或间接接触通过消化道和呼吸道传染，也可经由患病貂的粪、尿、唾液、饲料、水源、用具等传播。该病的主要传染源为病貂，耐过貂至少带毒一年以上，是最危险的传染源。泛白细胞减少症的猫也可传染给貂导致肠炎的发生。

在自然条件下，不同品种、年龄的水貂均易感染，但幼龄水貂最敏感，危害也最重。

该病全年均可发生，但多发于夏季，多在6~9月常见。貂群一旦被感染，通常会在第二年分窝前后的幼貂群中再次发病。这与耐过性水貂长期带毒排毒有关。

【临床症状】病毒性肠炎的潜伏期一般为4~7天，以4~5天最多。临床上可分为超急性型、急性型和慢性型。

超急性型：病貂不出现腹泻现象，食欲废绝后12~24小时内死亡。

急性型：病貂主要症状是高烧、呕吐、下痢，排出混有血液、黏液（多呈乳白色，少数为鲜红色或者红褐色乃至黄绿色）的水样粪便，或出现灰白色管状粪便。白细胞高度减少，所以称之为"泛白细胞症"。病貂精神沉郁，不愿活动，体温 40 ~ 40.5℃，食欲减少或者废绝，渴欲增高，有的出现呕吐、腹泻。呈地方性流行时一般 4 ~ 5 天死亡。

慢性型：病貂耸肩弯背，皮毛蓬乱，两眼无神、凝视，排便频繁，但量少。粪便为液状，常混有血液，呈灰白色、粉红色或灰绿色，有的排除褐红色胶冻样的管状物。由于下痢脱水，病貂表现极为虚弱，常常四肢伸展卧于笼内。

【诊断】根据流行病学、临床症状和病理组织学变化，可得出初步诊断。也可利用水貂细小病毒性肠炎试纸条检测。

【防治】预防：患此病后自愈的水貂，可长期获得免疫，但它是最危险的传染源。预防本病最关键的是全群水貂定期接种病毒性肠炎疫苗，1 月接种种貂，6 ~ 7 月全群接种。

治疗：对此病尚无特效药物。但发生此病时常并发大肠杆菌和沙门氏菌，而使病程加剧，可使用抗生素类药物和磺胺类药物预防和控制并发症。

（三）水貂阿留申病

水貂阿留申病是一种由阿留申病病毒慢性引起的慢性进行性疾病。这种疾病首次发现于 1964 年在阿留申群岛的水貂饲养场中，目前各国均有发生。

该病毒主要侵害水貂网状内皮细胞、以浆细胞增弥漫性增生，产生多量 γ-球蛋白以及持续性病毒血症为特征，伴随肾小球肾炎、动脉血管炎、卵巢睾丸炎症等（图 7 - 1）。

水貂感染后引起一定程度的死亡，更重要的是导致母貂不发情、空怀、妊娠中断、流产、死胎、感染子代，公貂精液品质低下、配种能力下降等，对生产影响极大。该病是目前业内亟须解决的影响生产的重大疾病之一。

【病原】阿留申病毒是细小病毒科，细小病毒属成员之一。

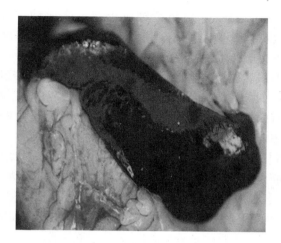

图 7 - 1　阿留申病毒侵害的脾脏（邵西群提供）

图 7 - 2　阿留申病毒侵害的肾脏（邵西群提供）

阿留申病毒的抵抗力很强，能在 pH 值 2.8 ~ 10.0 保持活力。

80℃下存活 1 小时。置于 0.3% 甲醛溶液中，4 周才能灭活。

【流行病学】本病存在于世界各国的貂群中，只是感染程度不同而已。

本病的主要传染源是患病貂和病毒携带貂。病毒主要以粪、尿和唾液排泄到外界环境中，在血液中也有病毒。除健康貂与病貂直接接触外，病貂污染的垫草、笼具、饲具、水盒等也是病毒传染途径。接种疫苗、外科手术、注射等如果消毒不彻底，也可造成本病的传播。实践证明，同窝仔貂，母貂为阳性者，仔貂也多为阳性；与阳性貂靠近饲养的水貂多为阳性，可见，该病具有垂直和水平两种传染方式。

不同年龄和性别的水貂均能感染，但在秋冬季节发病率和死亡率增加显著。因为肾脏高度受损（图 7-2），病貂表现渴欲增强，秋冬季气温较低，冰块不能满足其饮水需求，导致原本就衰竭的病貂，在这种恶劣条件下发生大批死亡。

不良的饲养条件和其他不利因素，如寒冷、潮湿等，都能促进本病的发生和发展，导致病情加剧和恶化。

【临床症状】该病的潜伏期很长。接触感染的潜伏期一般为 60~90 天，最长可达到 7~9 个月，有的病毒携带貂可以一年甚至更长时间不出现临床症状。大部分病例呈现慢性经过或者隐性感染，初期无明显症状，往往与健康貂难以区分。

急性型：表现为食欲减少或丧失，精神沉郁，迅速衰竭，死前抽搐，病程约 7 天；当侵害神经系统时，伴有痉挛、共济失调、后肢麻痹等症状，病程仅 2~3 天。

慢性型：主要表现为饮水量增加、食量减小、生长缓慢、逐渐消瘦，可见黏膜苍白、齿龈出血和溃疡，排煤焦油色粪便，最后多死于尿毒症，病程数周、数月不等。

【诊断】发现明显症状病貂，应立即隔离取皮。采用对流免疫电泳和碘凝集法可以检出隐性感染的病貂。

【防治】目前对该病没有有效的治疗方法。控制和防治该病必须采取综合性的措施。首先建立定期的检疫制度，仔兽分窝时进行一次检查，隔离阳性貂，种兽终选时再进行一次检查，凡阳性貂一律淘汰；其次建立严格的卫生防疫制度，对患病貂的用具、笼具严格消毒，接种注射器、采血剪刀等也要严格消毒；再次加强饲养管理，给予优质饲料，提高机体的抗病力。

（四）伪狂犬病

伪狂犬病又称阿氏病，是多种动物共患的急性病毒性传染病，猪多发。其特点是侵害中枢神经系统和皮肤瘙痒。

【病原】伪狂犬病病毒属于疱疹病毒科。本病毒对外界环境的抵抗力很强，在8℃可存活46天，24℃可存活30天。在0.5%盐酸溶液和氢氧化钠溶液中3分钟，5%石炭酸溶液中2分钟，2%福尔马林中20分钟即可被杀死。

【流行病学】在自然条件下，貂、狐、貉非常易感。病兽和带毒的肉联厂的下脚料是该病的主要传染源。猪是该病的主要宿主，其临床症状不明显，无瘙痒和抓伤，多呈隐性经过，不易诊断。病毒侵入水貂机体的主要途径是消化道，也可经过呼吸道黏膜、损伤皮肤、交配、哺乳等途径感染。该病的暴发没有明显的季节性，但以夏秋季多见。长呈暴发性流行，初期死亡率很高。

【临床症状】水貂自然感染时潜伏期为3~6天。主要表现为平衡失调，常仰卧，用前掌摩擦鼻镜、颈部、腹部，但无皮肤和皮下组织的损伤。拒食，精神萎靡，呼吸急促、浅表，鼻镜干燥，体温升高，狂躁不安，冲撞笼网。兴奋与抑制交替出现，病貂时而站立，时而躺倒抽搐，转圈，头稍昂起，用前爪搔挠面颊、耳朵及腹部。舌麻痹伸出口外，牙关紧闭，舌面有咬伤，从口内流出大量血样黏液。有时出现呕吐和腹泻。死前发生喉麻痹，胃肠鼓气。眼裂缩小、斜视，下颚不自觉的咀嚼或阵挛性收缩，后肢不全麻痹或麻痹，一般 1～20 小时死亡。

【诊断】根据流行病学，特征性临床瘙痒症状，可做出初步诊。结合血清学和生物学试验，可确诊。

需要注意的是，伪狂犬病与狂犬病类似，都是病毒病，都有神经症状。但是伪狂犬病有瘙痒，突然发作，病程短，迅速出现大批死亡，胃肠鼓气，不攻击人，不恐水等特征，狂犬病没有这些特征，呈散发性，攻击人、畜。

【防治】必须对饲料原料进行严格检查，特别是猪下脚料原料更应该注意，应严格无害化处理后在喂动物。可接种伪狂犬病疫苗，免疫期一年，效果很好。

该病尚无特效疗法。发现该病后，应立即停止饲喂被伪狂犬病毒污染的原料，更换新鲜、易消化、适口性强的饲料原料，同时添加抗生素防止继发感染。

（五）大肠杆菌病

大肠杆菌病是由致病性大肠杆菌引起的急性、败血性传染病，以严重腹泻、胃肠炎症为特征。幼龄毛皮动物易感，是对幼兽危害较大的细菌性传染病之一。

【病原】病原体为大肠埃希菌，革兰氏阴性菌。杆菌中等大小，卵圆形，有鞭毛，无荚膜和芽孢，兼性厌氧，在一般培养基上生长良好。对外界环境抵抗力较差，常用消毒药品在数分钟可将其杀死。55℃加热经 1 小时，60℃ 15～30 分钟即可被杀死。对干燥寒冷环境有一定的适应性。

【流行病学】自然条件下，各日龄阶段水貂均可发生感染，仔貂最易感染。该病的主要传染途径是消化道。被污染的饲料、饮水、垫草、笼具都是不可忽视的传染源，病貂和带菌貂是主要传染源。饲喂被大肠杆菌污染的动物内脏，可引起75%的水貂仔貂和2.5%～13%的成年水貂死亡。

本病的发生和流行与温度、环境卫生关系密切。大肠杆菌在健康动物体内，以死物寄生菌形式存在。当机体抵抗力下降时，处于肠道内的大肠杆菌繁殖力增强，引发疾病。饲料不全价或饲料种类急剧变化，使胃肠道消化机能失调；饲料不卫生、垫草缺乏或发霉变质，都会导致机体的抵抗力下降，导致大肠杆菌病的暴发。

【临床症状】该病的潜伏期不定，取决于动物机体的抵抗力、大肠杆菌的毒力以及饲养管理条件。一般变化在 1～10 天。

新生仔兽患病，表现不安，不断尖叫，被毛蓬乱，发育迟缓，拉稀，尾和肛门有粪便污染。轻微按摩腹部时，常从肛门排出绿色、黄绿色、褐色或浅黄色液状稀便。粪便中有未消化的凝乳块和混有血液带气泡的粪便。在出现本症状后 1～2 天，仔兽精神萎靡，常躲在小室内不愿活动。母貂常把患病仔貂叼出，放到笼上。

日龄较大的仔貂，食欲下降，消瘦，活动减少，持续性腹泻。粪便呈黄色、灰白色或暗灰色，并混有黏液。中毒病例，排便失禁。病兽虚弱，眼窝下陷，两眼睁不圆，弓背，后肢无力，步伐摇摆，被毛无光泽。

个别仔兽出现脑炎症状，沉郁或兴奋。有食欲但吸吮力和吃食能力减退或消失。病仔兽额部被毛蓬松焦躁，头盖骨异常突出或增大，触诊头盖骨没有接合。后期共济失调，精神迟钝，角膜反应迟钝，四肢不全麻痹，有的出现持续性痉挛或昏迷状态。

妊娠母兽患病时，发生大量流产和死胎。病兽精神沉郁或不安，食欲减退。

【诊断】临床症状在流行病学和病理解剖上的变化，只能作为初步诊断的依据。最后确诊需要细菌学检查。

【防治】改善饲养管理条件，严格卫生防疫制度，把住饲料关，不使用腐败变质的原料，不使用来源不明的饲料原料，尽量使用熟制的原料，调制料必须以新鲜、易消化、营养全面为标准。在产仔育成期，饲料中应添加抗菌素或益生菌，预防大肠杆菌病的发生。

如果发病应立即排除可疑病因，切断传染源，选择细菌高度敏感的药物进行全群预防和治疗。可口服氯霉素 0.1～0.25 克，或氯霉素注射液 0.3～0.5 毫升肌内注射，1 日两次，疗程 4 天。庆大霉素，肌内注射，每日两次，每次 2 万～4 万单位，或注射拜有利每只 0.15～0.2 克，每日 1 次。也可以口服喹乙醇 50 毫克，连服 3 日。

（六）炭疽

炭疽是由炭疽杆菌引起的，是人畜共患的一种急性、热性、败血性传染病，主要特征是脾脏急剧肿大、皮下和浆膜下结缔组织浆液性出血性浸润。

【病原】炭疽杆菌是一种大型杆菌，人畜的病原菌一样。在动物体内形成荚膜，单在或 2～5 个相连形成短链，菌体与菌体相连的两端平截，呈竹节状，游离端呈钝圆，具有鉴定意义。

繁殖体抵抗力不强，易被一般消毒剂杀灭，而芽孢抵抗力强，在干燥的室温环境中可存活 20 年以上，在皮毛中可存活数年。养殖场一旦被污染，芽孢可存活 20～30 年。经直接日光暴晒 100 小时、煮沸 40 分钟、140℃干热 3 小时、110℃高压蒸汽 60 分钟、以及浸泡于 10% 甲醛溶液 15 分钟、新配苯酚溶液（5%）和 20% 含氯石灰溶液数日以上，才能将芽孢杀灭。

【流行病学】在自然条件下，水貂为易感动物。水貂采食带有炭疽杆菌的动物性饲料可导致感染，也可以通过吸血昆虫、野鸟、老鼠传播。该病没有明显季节性，以夏季多见，尤其是洪水过后。

【发病机制】炭疽杆菌入侵机体后，迅速进入淋巴结和血液，并迅速繁殖，血管壁受到炭疽杆菌毒素或酶作用通透性增强，导致疏松结缔组织水肿，各脏器发生出血。炭疽柑橘有液化胶原纤维的作用，所以会出现血凝不全，血液呈煤焦油样。

【临床症状】炭疽杆菌的潜伏期很短，水貂病程为 20 ~ 30 分钟到 2 ~ 3 小时，呈急性经过。病貂体温升高，呼吸频数，步态蹒跚，渴欲增高，拒食，血尿和腹泻，粪便内混有血块和气泡。常从肛门和鼻孔内流出血样泡沫。出现咳嗽、呼吸困难、抽搐症状。咽喉水肿，扩散到颈部和头部。有时蔓延到胸下、四肢及躯干，一般转归死亡。

【剖检】该病致死的水貂一般营养状况良好，尸僵不全。口腔、鼻腔、肛门处有血样泡沫流出，胃肠鼓气导致肛门哆开。可视黏膜蓝紫色。在头、咽喉、颈及腹下等部位的皮下组织胶样浸润。有时水肿和胶样浸润扩展到肌肉深层。

胃肠出现出血性溃疡。肠黏膜肿胀，个别充、出血，覆盖暗红色黏液。集合滤泡和淋巴结增大，明显可见。肠系膜血管充盈，淋巴结肿大，切面有点状出血。

脾脏明显肿大（5 ~ 10 倍），呈暗红色，髓质软化，呈稀泥状。

肾脏肿大，被膜易剥离，切面髓质部充血，肾上腺增大，膀胱黏膜充血、出血，尿液呈淡红色。

心肌松弛，心室内有凝固不全的血液，心外膜及心包有出血点。

肝脏肿大出血，切面外翻流出暗红色血液。

肺水肿，表面呈暗红色，有出血点，气管和支气管内有血样泡沫。

【诊断】根据临床症状和剖检可以做出初步诊断，最终确诊需做血清学检测或细菌学检查。

【防治】预防：建立健全动物性饲料卫生防疫制度，严格管理饲料来源，不使用来自疫区或者病死动物做饲料。

对可疑病兽及时进行隔离治疗，剖检尸体深埋或者焚烧，解剖室彻底消毒，被污染的饲养用具用火焰消毒。地面、粪便使用20%漂白粉溶液消毒，并覆盖10厘米厚土层。

该病是人畜共患烈性传染病，要引起极度重视，不可忽视。

治疗：炭疽芽孢对碘特别敏感，对青霉素、先锋霉素、链霉素、卡那霉素等高度敏感。青霉素肌注10万~15万单位，每日3次。也可皮下注射抗炭疽血清，成兽10~15毫升，幼兽5~10毫升。

（七）坏死杆菌病

坏死杆菌是一种侵害畜、禽和野生动物的传染病，以受伤的皮肤、皮下组织、口腔或胃肠黏膜坏死，并在内脏形成转移性的坏死灶为特征。

【病原】该病的病原为坏死杆菌，它没有运动性，不形成芽孢，革兰氏阴性菌。外伤感染该菌后，其沿局部血液和淋巴结上行感染，进入血液循环转移到内脏器官，导致某器官发生炎症坏死。

该菌广泛存在于自然界，在养殖场内随处可见，健康动物粪便中也有。该菌对理化因素的抵抗力不大，一般消毒药物均可杀死。

【流行病学】坏死杆菌可以侵害各种动物，养殖场的主要传染源是病兽，但健康兽在很大程度上也起着散播传染源的作用。

该病的传染途径都是通过损伤的皮肤和黏膜，水貂采食患有坏死杆菌的动物肉类和副产品是导致该病的主要原因。

【临床症状】水貂发生该病时，一般不易发现，食欲不佳或拒食，精神沉郁、不愿活动，一般24小时内死亡，呈急性经过。

【剖检】主要表现为肝脏肿大，表面散布黄白色大小不等的坏死灶。取病灶和健康交界处材料，压片、染色、镜检，可见聚集成群的长丝状坏死杆菌。

【防治】预防：严格控制饲料来源，及时维修维护饲养用具，减少发生外伤几率。不使用坏死杆菌致死的动物肉和内脏，对可疑饲料要煮熟后饲喂。

治疗：对于患病动物要及时治疗，肌内注射青霉素每次15万~20万单位，复合维生素B注射液0.5~1.0毫升，每日两次。局部外伤可使用双氧水清创，去掉坏死组织，再用5%高锰酸钾溶液涂布冲洗创伤。

（八）结核病

结核病不仅是人畜共患病，而且也是一种脊椎动物都能感染的免疫病。多呈慢性经过、引起内脏器官干酪化或钙化性结节。水貂主要患牛型结核比较严重，发病急，感染率高。也可以患禽型结核。

【病原】该病病原为结核分枝杆菌，共有3个型：牛型结核杆菌、禽型结核杆菌和人型结核杆菌。毛皮动物易感患牛型和禽型结核杆菌，人型结核杆菌次之。

该菌为整齐直型或稍弯曲的多形杆菌，平均长1.5~5.0微米，宽0.2~0.5微米。对干燥环境具有较强的抵抗力。在痰内和粪便内能保存10个月。对阳光和湿热敏感，在直射阳光下，几分钟至几小时内死亡，这决定于污染材料的厚度。70%的酒精和10%漂白粉能很快杀死该菌。

【流行病学】水貂结核病在幼龄水貂中比较严重。受到结核菌污染的肉类饲料和乳品，是主要的传染源。该病一年四季均能发生，但多见于夏秋季节，特别是笼子小，饲养密集，粪便堆集，卫生条件不好，饲料不全价，寄生虫侵入，更容易引发该病。

【发病机制】水貂采食受到结核分枝杆菌污染的饲料，肠道中的结核杆菌侵入肠黏膜的淋巴滤泡，引起原发性病变或随淋巴循环进入各个器官，常在侵入部位发生原发性病灶，伴有特征性肉眼可见的病灶或组织变化。当侵入肺脏时，常在肋膜下面，大支气管处形成小节，周围特异性肉芽组织增生，逐渐发生凝固性坏死。进而形成密集的小结节和大的病灶。在所属淋巴结内发生渗出性或慢性增生性结核性炎症过程。

【临床症状】水貂结核病的潜伏期为 1~2 周，病程一般为 40~70 天。患貂行进性消瘦，食欲减退，嗜睡，皮毛无光泽，鼻镜湿润程度变化无常。侵害肺脏时常见干咳，严重者出现呼吸困难。有的病貂鼻、眼有浆液性分泌物，咽后淋巴结受到侵害时肿大，不易滑动，触摸有波动感，破溃后流出脓样黏稠液体。有的病貂常打喷嚏和响鼻，有的出现化脓性鼻漏，在鼻镜上形成淡黄色痂皮，呼吸频数，浅表。也有的出现后肢麻痹。

【剖检】病貂尸僵完整，可视黏膜苍白、消瘦。病变多发于肺脏，在肺表面及组织深部，有肉眼可见的豌豆大小或黄豆大的散在钙化或没钙化的结节。切面有浓稠凝块和灰黄色脓样物。有的气管和支气管，形成空洞。胸腔有化脓性渗出性胸膜炎，淤积渗出物。纵隔淋巴结肿大，切面干酪样。颈淋巴结和肠系膜淋巴结结核性脓肿。

在腹壁浆膜、大网膜、肝脏、脾脏上常有结核结节。肠管黏膜上常有散在如扁豆大小的溃疡。

肾脏包膜下常见粟粒大小或高粱米粒大至黄豆粒大的灰黄色结节。慢性病例肾萎缩，结节位于深层，肾盂附近，结核病灶破溃，其内容物进入肾盂内。

侵害子宫时，在子宫角或子宫腔内，常发现圆形结核病灶，带有脓样内容物。

【诊断】该病缺乏典型的临床症状，诊断比较困难。剖检症状明显，可通过剖检和细菌学检查确诊。

【防治】发现该病立即隔离病兽，维持到取皮期，全部淘汰。绝不使用带有结核杆菌的饲料原料，加强预防。对患病水貂可用异烟肼、链霉素、利福平等进行治疗。

(九) 出血性肺炎

出血性肺炎是有绿脓杆菌引起的一种急性传染病，又称假单胞菌病，该病以肺叶弥漫性出血为特征。常呈地方性流行，病貂死亡率较高（图7-3，图7-4）。

图7-3　出血性肺炎（邵西群提供）

【病原】该菌广泛分布于自然界，存在于人和动物的粪便内，以及水和污水中。该菌为革兰氏阴性菌，对外界的抵抗力较强，在干燥环境下可以存活9天。对一般的消毒药敏感，0.25%的福尔马林、1%~2%的煤酚皂、0.5%~1.0%的醋酸均可迅速杀死该菌。由于该菌具有广泛的酶系统，能合成自身生长所需的蛋白

图 7 - 4　出血性肺炎（邵西群提供）

质，不易受各种药物的影响，对常用抗生素大都不敏感。

该菌可产生绿脓杆菌素，对多种革兰氏阳性菌具有抑制和杀灭作用。

【流行病学】本病没有明显的季节性，但多发生于夏秋季节，特别是换毛期，此时天气冷热变化较大，机体抵抗力下降，被污染的绒毛或者尘埃，可以通过口腔和鼻腔感染此病。另外，被污染的饲料、病貂的粪尿、分泌物、污染的水源和用具都是本病的传染源。

【临床症状】自然感染潜伏期为 19～48 小时，最长 45 天，一般为急性或超急性型。死前出现食欲废绝、体温升高、鼻镜干燥、行动迟缓、流泪、流鼻液、呼吸困难。多数病貂出现腹式呼吸，并伴有异常的叫声。典型病貂咯血、鼻孔流出泡沫样血，反复痉挛之后死亡。

【诊断】根据流行病学和临床症状可初步诊断，确诊需进行细菌学检查。

【防治】对发病貂场应进行彻底的消毒；对水源进行检查，受到污染的水不能供貂饮用。易发地区可以免疫水貂出血性肺炎疫苗，预防效果较好。

在实践中使用单一抗生素效果不明显，几种抗生素联合使用效果较好。绿脓杆菌对复方新诺明、多黏霉素、硫酸妥布霉素、恩诺沙星、氧氟沙星等抗生素较为敏感，发病貂群可以按照使用说明混合投放上述药物，可起到一定效果。

（十）巴氏杆菌病

巴氏杆菌病，是各种畜禽和野生动物多发性的细菌性、出血性、败血性的传染病。该病分布广泛，世界各地均有发生。

【病原】该病病原是多杀性巴氏杆菌，该菌是两头钝圆、中央微凸的短杆菌，长1~1.5微米，宽0.3~0.6微米。不形成芽孢，无运动性。为革兰氏阴性菌。

该菌存在于病兽的全身各组织、体液、分泌物及排泄物里。只有少数慢性病例，仅存在肺脏的小病灶里。健康兽的上呼吸道也可能带菌。

该菌对物理和化学因素的抵抗力比较弱。在自然干燥的情况下，很快死亡。日光对该菌有强烈的杀灭作用，薄菌层暴露在阳光中10分钟即可杀死。

除多杀性巴氏杆菌外，溶血性巴氏杆菌有时也可成为该病病原。

【流行病学】多杀性巴氏杆菌多许多动物和人均有致病性。水貂对该菌比较敏感，多呈地方性流行。

当饲养环境差时，比如闷热、潮湿、通风不良、阴雨连绵、气候剧变、营养缺乏、饲料突变、寄生虫等诱因作用，而使动物抵抗力下降时，病菌即可趁虚而入体内。病畜由排泄物、分泌物不断排除有毒力的病菌，污染饲料、饮水、用具、和外界环境，经消化道传染给健康兽。

　　主要传染来源是患病兽、畜禽下脚料等，尤其是禽、兔的下脚料最危险。带菌的禽、兔是该病的一个重要传染源，养殖场区不能饲养禽和兔。

　　【临床症状】水貂巴氏杆菌病多为超急性经过，散发病例，开始幼年水貂多发。大群水貂突然出现最急性死亡。或以神经症状开始，病貂癫痫式抽搐尖叫虚脱出汗而死。病貂类似感冒，不愿活动，两眼睁的不圆，体温升高，鼻镜干燥，食欲减退或者不食，渴欲增高。

　　肺型：以呼吸系统病症为主，出现呼吸加快，心跳加快，有的病貂鼻孔有少量的血样分泌物，个别的出现头、颈水肿，乃至出现眼球突出的异常现象。病程一般为48~72小时，即2~3天死亡。

　　肠型：以消化道病变为主，病貂食欲减退，废绝，下痢，排便带血，眼球塌陷，卧在小室内不愿活动，通常在昏迷或痉挛中死去。

　　慢性经过的病貂，精神不振，食欲不佳或拒食，呕吐，常卧于小室不活动。被毛欠光泽，鼻镜干燥，体温升高。触摸脚掌手感发热，拉稀，肛门附近粘有少量稀便或黏液。如不及时治疗，3~5天或稍长一点时间转归死亡。

　　【诊断】根据流行病学和病理解剖，可做出初步诊断。进一步确诊，必须做细菌学和生物学试验。巴氏杆菌病的症状与其他传染病类似，有时是混合感染。故要做好类症鉴别，要和副伤寒、犬瘟热、伪狂犬、钩端螺旋体等传染病加以区别。

　　【防治】　加强养殖场的卫生防疫工作，改善饲养条件，禽下脚料、兔产品、羊产品等，这些动物的巴氏杆菌病最多，容易引起动物发病，最好蒸熟饲喂。

注意环境的变化，阴雨连绵、秋冬交替的时候，一定要加强管理。切忌与兔、禽等混养在一个场区内。

每年可定期注射巴氏杆菌疫苗，能收到预防本病的效果，到目前为止，国内外生产的巴氏杆菌疫苗免疫期都比较短，需要一年注射多次。

对有病或者可疑的病貂，可用大剂量的青霉素治疗，每次每只隔4小时肌内注射1次，每次10万~20万单位。或用拜有利注射液（肌内）每日1次，每千克体重注射0.05毫升，水貂每次注射0.05~0.1毫升；也可用环丙沙星注射液，每千克体重肌内注射2.5~5毫克，每日3次。

因为巴氏杆菌病的超急性型和亚急性经过的病兽，发病急，死亡快，在临床上不易发现，同时治疗效果也不显著。所以，在实际生产上，应该采取全群预防性治疗，即有病、无病的水貂，都注射青霉素，每只每天肌内注射两次，每次10万单位，效果比较好，可以控制疫情的发展。此外，口服恩诺沙星、氟哌酸、土霉素、喹乙醇、复方新诺明或增效磺胺类制剂等也有效果。

另外，可以使用巴氏杆菌多价血清，在大群注射前，应做安全性试验，以免大群使用出现问题。

（十一）沙门氏菌病

沙门氏菌病又称副伤寒，是由沙门氏菌引起的各种家畜、家禽以及野生动物以胃肠道机能紊乱和败血症为特征的传染病。主要是幼兽以及禽类的疾病，幼兽感染此病是急性经过，发热，下痢，体重迅速减轻。患沙门氏菌的动物不死者，则发育迟缓，毛皮质量降低。

【病原】沙门氏菌为短粗杆菌，常1~3微米，宽0.4~0.6微米，两端钝圆，不形成荚膜和芽孢，大部分沙门氏菌具有鞭毛，能运动，革兰氏染色阴性。

该菌对干燥、腐败、日光等具有一定的抵抗力，在干燥土壤和砂石内可生存 2 ~ 3 个月。在干燥的排泄物中可存活达 4 年之久。60℃1 小时，70℃20 分钟，75℃5 分钟可致死。一般常用消毒药物均能杀死该菌。

【流行病学】自然条件下貂、狐、貉均易感染。该病主要是通过消化道感染，被污染的动物性饲料和饮水为主要传染源。患有隐性经过沙门氏菌病的家禽肉类饲料，非常危险。多数沙门氏菌为条件性致病菌，在动物的肠道内寄生，当饲养管理不当、气候突变是引发该病的主要因素。感冒、饲料变化、防疫不严等都能促进该病的发生和发展。另外仔兽换牙期、断乳期饲料质量不良等致使动物机体的抵抗力下降，易发生内源性感染。

流行病学调查表明，本病的发生和毛皮动物带菌有一定的关系，常呈散发流行，常见带仔母兽成窝发病。个别的养殖场沙门氏菌每年都流行一段时间，这与带菌动物和场地污染有关。

本病有明显的季节性，多在 6 ~ 8 月暴发，常呈地方性流行。多由饲料引起，主要侵害 1 ~ 2 月龄的仔兽，病的经过为急性。

【临床症状】自然感染潜伏期为 3 ~ 20 天，人工感染潜伏期 2 ~ 5 天。

慢性型，水貂食欲减退，消化机能紊乱，下痢常有卡他性黏液，进行性消瘦、贫血、眼球塌陷，有时出现化脓性结膜炎，被毛松乱，无光泽。在高度衰竭时，经过 3 ~ 4 周死亡。在配种期和妊娠期发生该病时，母貂大批空怀或流产。

亚急性型，主要表现为胃肠机能高度紊乱、食欲废绝。体温升高到 40 ~ 41℃，精神沉郁，呼吸浅表频数。被毛松乱，眼睛下陷无神，有时出现化脓性结膜炎或黏液性化脓性鼻漏或咳嗽。病兽很快消瘦、下痢、呕吐，排水样粪便，有时混有大量胶体黏液，个别混有血液。病兽四肢软弱无力，站立时后肢支持不住，特别是后肢不全麻痹。一般 7 ~ 14 天死亡。

急性型，病兽最初兴奋，不久转变为精神沉郁，食欲废绝。体温升至41～42℃。病兽多卧于小室内，走动时背弓起，走动缓慢，两眼流泪。下痢、呕吐，在昏迷状态下死亡，一般5～10小时或延至2～3天死亡。

【诊断】根据流行病学、临床症状和病理解剖变化，可作出初步诊断。确诊需要实验室诊断。

【防治】动物感染沙门氏菌痊愈后，可以获得很强的免疫力。

受到沙门氏菌污染的饲料是该病的主要传染源，预防沙门氏菌主要是做好饲料和饮水卫生，防治病从口入。对于怀疑受到污染的饲料原料应进行蒸煮处理。加强妊娠期和哺乳期母貂管理，及时清理打食网和小室内的剩食，及时清理小室内的粪便。

发现疑似病貂应立即隔离治疗，对病貂的笼具要进行彻底的消毒。由于治愈貂仍带菌，所以，不留患过沙门氏菌的水貂作种貂。

发病时，对病兽和疑似病兽均应立即治疗。可随饲料投服新霉素、氯霉素、左旋霉素进行治疗，幼貂5～10毫克，成年貂20～30毫克，混于饲料中连用7～10天；也可用链霉素、四环素、磺胺二嘧啶治疗，每只每天0.5～1克，混入饲料内，连用8～10天。

（十二）魏氏梭菌病

魏氏梭菌病又称肠毒血症，是由梭状芽孢杆菌属产气荚膜杆菌类的细菌引起的，是经济动物及家畜均易感染的的一种急性传染病，以全身毒血症、剧烈腹泻为主要特征。

【病原】魏氏梭菌为梭状芽孢杆菌属，也称产气荚膜梭菌，为革兰氏阳性菌，无鞭毛、不运动的大杆菌。该菌为厌氧菌，能产生强烈的外毒素，由毒素引发该病。该菌的繁殖体抵抗力不强，一般消毒药均可将其杀死。芽孢有较强的抵抗力。

【流行病学】水貂仔貂对该病最易感，北极狐仔兽也易感。毛皮动物食入被该菌污染的饲料而感染，患病兽促进该病的发生和发展。该病呈散发性或地方性流行，一年四季均可发生，但多在夏秋季。

【临床症状】该病多呈超急性或急性经过，流行初期一般无任何症状而突然死亡。病程稍缓着可见厌食、静卧于小室内，行走无力，步态蹒跚，呕吐。粪便为液状，呈绿色并混有血液。后期出现痉挛和麻痹，头震颤，在昏睡状态下死亡。

【剖检变化】皮下组织水肿，胸腔内混有血样的积渗出液。肋膜、胸膜、膈肌有出血点或出血斑。肝肿大、质脆、脂肪变性。肠系膜淋巴结肿大、出血。胃黏膜充血、肿胀、有溃疡面。小肠和大肠黏膜出血，偶见点状或带状出血，肠管内含血样内容物。

【诊断】根据流行病学、临床症状、剖检变化结合细菌学检查，基本可以确诊。

【防治】为预防该病的发生，要严格控制饲料的污染和变质，质量可以的饲料不能喂动物。当发生该病时，应及时隔离饲养和治疗。病貂污染的笼箱用具应用 1% ～2% 氢氧化钠溶液或甲醛溶液消毒。粪便以及污染物送到指定地点消毒处理。

该病无特异疗法，由于发病急，病程短，不易发现，治疗效果不理想。为防止继发性感染可投放新霉素，按千克体重 10 毫克计算，混于饲料中，连续 34 天，可获得一定效果。

（十三）钩端螺旋体病

钩端螺旋体病又称出血性黄疸，是由致病性的钩端螺旋体引起的人和动物共患的传染病。在不同地区、不同动物种类，引起该病的钩端螺旋体的群、型不同。病兽临床表现和病理变化多种多样。主要症状以短时间发热、黄疸、血尿、贫血、黏膜坏死、出血性素质、消瘦和四肢无力、妊娠母兽流产或空怀为特征。

【病原】　　钩端螺旋体是一种纤细的、中央有一根轴丝的、具有螺旋状结构的微生物。对热敏感，60℃10分钟即可杀死，干燥环境和直射光下容易死亡，对酸碱敏感，0.1%的酸类可在数分钟内杀死，70%的酒精、0.5%的苯酚等在5分钟内可将其杀死。

【流行病学】钩端螺旋体广泛存在于自然界，其动物宿主非常广泛，几乎所有的温血动物均可感染。病兽和带菌动物是该病的主要传染源。由于该病原体最终定位于肾脏，所以尿液在该病蔓延扩散上有着重要的作用，如尿液接触皮肤和黏膜可直接传染，尿污染饲料和饮水又可间接传染，尿污染阴道在交配时引起接触传染等。以消化道传染为主要传染途径。该病不分年龄和性别，幼龄貂最易感，发病率和死亡率也最高，3~6月份发病率最高。

【临床症状】自然感染潜伏期为2~12天，潜伏期的长短决定于动物机体的全身状况、外界环境、病原体毒力和侵入途径等。特点是传播快、发病率高和死亡率高。感染的血清型不同表现的症状也不同，波摩那型菌感染主要表现为粪便黄稀、饮水增多、食欲减退、精神沉郁。少数病例呼吸加快、后腿行走不灵，结膜炎并有黏性分泌物，体温升高。贫血、后肢麻痹、血红蛋白尿和煤焦油样粪便。出血黄疸型感染病例主要表现为黄疸症状。

病程稍长者，尸体衰竭，尸僵显著。可视黏膜、皮下组织、脂肪组织常常染成黄色。慢性经过的病例尸体高度衰竭和显著贫血，个别病例轻度黄疸。

【诊断】跟临床症状和流行病学及病理变化可做出初步诊断，确诊需要实验室检查。

【防治】要着重防止饲料和水源的污染，加强对肉类饲料原料的检疫，防治啮齿类动物污染饲料和水源。

发现该病后可用抗生素进行治疗，青霉素4万单位/千克体重，每日一次；链霉素40毫克/千克体重，每日一次，连用3~5天，可取的较好的效果。

污染水域可使用漂白粉、2%氢氧化钠溶液、3%来苏尔溶液进行消毒。

（十四）链球菌病

链球菌病是由于水貂感染致病性链球菌引起的传染病，是幼龄水貂比较常见的一种传染病，一般在仔貂出生5~6周开始发病，7~8周达到高潮。成年水貂很少发病。其特征为发热、各组织器官发炎、化脓和败血症。该病多散发，很少成地方性暴发。

【病原】病原体为C型兽疫链球菌和A型化脓性链球菌。该菌多呈链状排列，链的长短不一，短链2~3个菌体排成一串，长的20~30个菌体排在一起。为革兰氏阳性菌，抵抗力不强，对干燥时热较敏感，60℃30分钟即可被杀死。对磺胺、青霉素以及其他广谱抗菌素敏感，但有时对这些药物产生抗药性。

【流行病学】水貂患该病多是由于饲喂被链球菌污染的动物性饲料而感染。也可通过污染的垫草、饮水、饲养用具传播。也可通过外伤或消化道感染该病。

【临床症状】自然感染潜伏期长达6~16天。多数病例表现为肺炎；肋膜炎、心内膜炎、腹膜炎、子宫内膜炎和乳房炎，最终为败血症。最急性型不见任何症状而突然死亡。急性型多为感染后24~72小时发病，表现为拒食、呼吸急促、结膜发绀、鼻镜干燥、站立不动、抽搐、共济失调、嘶哑尖叫、卧地不起、四肢呈游泳状，随之发生强直性痉挛，最后衰竭、麻痹而死。慢性型多为独立病型，老龄兽多发，也可由急性转化而来，主要表现为关节炎、局部炎症、子宫炎、乳房炎、化脓性淋巴结炎和皮炎，病程可持续 1~4 周，有些病兽自然康复。

【剖检变化】最急性和急性经过的尸体营养良好，一般成败血症变化。各器官充血、出血，浆膜有浆液性炎症变化，心包液增多。脾脏急性肿大，暗红色，切面粗糙，有纤维素附着，间或有细小出血点和片状出血斑及出血性梗死。肝脏出血性肿大，肺脏充血，肾脏有大的出血点。肠系膜淋巴结肿大，有出血点。膀胱黏膜有出血性化脓炎症。

【诊断】因该病没有特征性的临床症状和病理变化所以细菌学检查是确诊该病的必需手段。

【防治】加强对饲料的卫生检查，对可疑饲料进行蒸煮处理。有化脓病变的内脏或肉类应该废弃。被污染的垫草应严格消毒后遗弃，有刺或硬的垫草最好不用，以免对貂造成伤害，增加感染机会。

青霉素、磺胺类药物治疗该病的效果很好。每只水貂每次肌内注射青霉素 20 万国际单位，每天 2~3 次，连用 4 天；拜有利肌内注射 0.5~1 毫升，每日一次，连用 4 天。可也按照说明使用其他广谱抗菌类药物。

（十五）李氏杆菌病

李氏杆菌病是败血症经过并伴有内脏器官和中枢神经系统病变，以及单核细胞增多和流产为特征的急性传染病。

【病原】李氏杆菌是两端钝圆平直或弯曲的小杆菌，不形成荚膜和芽孢。多数情况下呈粗大棒状单独存在，或成"V"字形，或成短链，具有一根鞭毛，能运动。

李氏杆菌对高温的抵抗力较强，100℃经 15~30 分钟，70℃ 30 分钟死亡。2.5% 的氢氧化钠溶液 20 分钟、2.5% 的福尔马林 20 分钟，75% 的酒精 75 分钟才能被杀死。

【流行病学】该病的感染范围很广，畜、禽、啮齿类和野生经济动物都有不同程度的感染，也是人畜共患的散发性传染病。一般认为，该病是消化道、呼吸道、眼结膜和创伤感染，饲料、饮水仍是主要的传染媒介。

　　主要传染源是病兽，通过污染饲料和饮水，以及直接饲喂带有李氏杆菌病的畜、禽、肉类饲料等，都能使水貂患上该病。另外，在饲养场内栖息的鸟类和啮齿类的动物对该病的传播也有很大的危险性。

　　传染途径主要是经过消化道进入机体。维生素缺乏、寄生虫和其他致使机体抵抗力下降的不良因素，都是引发该病的诱因。该病没有季节性，但多发生于春、夏季。

　　【临床症状】幼貂发生李氏杆菌病，表现精神沉郁与兴奋交替进行，食欲减退或拒食。兴奋时表现共济失调、后区摇摆和后肢不全麻痹。咀嚼肌、颈部及枕部肌肉震颤，呈痉挛性收缩，颈部弯曲，有时向前伸展或转向一侧或昂头。部分出现转圈运动，此时病貂到处乱撞。当采食饲料时，颚、颈痉挛性收缩，从口中流出黏稠的液体，常出现结膜炎、角膜炎、下痢和呕吐。在粪便中发现淡灰色黏液或血液。成年水貂出有上述症状以外，还伴有咳嗽，呼吸困难，呈腹式呼吸。

　　剖检发现，心外膜下有出血点。肝脏脂肪变性，呈土黄色或暗黄色，被膜下有出血点和出血斑。脾脏增大3~5倍，有出血点或出血斑。肠黏膜有卡他性炎症。脑软化、水肿。

　　【诊断】根据流行病学、临床症状、病理学解剖和细菌学检查可以确诊。

　　【防治】李氏杆菌病属于条件性传染病，病原菌在土壤中滋生，所以阴雨连绵的季节要加强防疫，改善饲养管理。

　　该病目前尚无特效治疗方法。可在改善饲料的基础上，用新霉素每只1万单位混于饲料中饲喂，每日3次，可取的较好的效果。

（十六）克雷伯氏菌病

克雷伯氏菌病是由肺炎克雷伯氏菌和臭鼻克雷伯氏菌引起的以脓肿、疏松结缔组织炎、麻痹和脓血败血症为特征的细菌性传染病。常呈地方性暴发流行，也有散发。

【病原】克雷伯氏菌属于革兰氏阳性杆菌。没有运动性，能形成荚膜，在动物体内形成菌血症。菌形多为卵圆形，散在或成双排列，抵抗力不强，0.2%的石炭酸中2小时灭活。

【流行病学】该病主要是通过饲料感染，如畜禽下脚料中的脾脏、子宫、乳房等。也可以通过患病动物的粪便和污水传播。

【临床症状】患该病的水貂临床上可分为4种症状：脓疱型、蜂窝组织炎型、麻痹型、急性败血型。

脓疱型：病貂精神沉郁，周身出现小脓疱，尤其是颈、肩胛部出现，破溃后流出黏稠白色或淡蓝色浓汁，局部淋巴结形成脓肿。肝脏变性，呈土黄色，被膜下有点状或斑状出血，脾脏肿大3～5倍，有出血点。

蜂窝组织炎型：多在喉部出现炎症，并向下延伸，可达到肩部，化脓，肿大。解剖发现，肝脏明显变大，质硬、脆弱，充淤血，切面多凝固不全、暗褐红色的血液流出，切面外翻，被膜紧张。胆囊壁有针尖大小的黄白色病灶。肺脏有小脓肿。

麻痹型：后肢麻痹、步态不稳，食欲不振，精神沉郁，多数病兽在出现症状后2～3天死亡，如果局部出现脓疖，则病程更短。一般膀胱充满黄红色尿液，黏膜肿胀增厚，肾脏和脾脏肿大。

急性败血型：突然死亡，呼吸困难，病程很短，一般难以发现。尸体一般营养状况良好，死前发生呼吸困难的病貂，一般呈现化脓性或纤维性肺炎和心内、外膜炎。脾脏、肝脏肿大，肾脏有出血点或充血性梗死。胸腺有出血点。

【诊断】根据临床症状，病理解剖和分离到的细菌情况，方能做出准确判断。

【防治】注意饲料卫生，特别是畜禽下脚料中的乳房、子宫、脾脏和淋巴结，应该带蒸煮后饲喂或者不饲喂。

发生克雷伯氏菌病后，到立即隔离病貂和可疑貂，及时对场区进行消毒，查清传染源，根除病原。

病貂可使用喹诺酮类、磺胺类药物、氯霉素、链霉素进行治疗。如果体表有脓肿，可切开排脓，用双氧水冲洗干净，撒上磺胺粉。

（十七）鼻疽病

鼻疽病是单蹄动物（马、驴、骡）多发的一种细菌性传染病。水貂感染该病呈急性经过，具有皮肤结节和溃疡，死亡率很高。也可以感染人。

【病原】该病是由马属动物的鼻疽杆菌引起的疾病。该菌为革兰氏阴性菌，具有中等抵抗力，在干燥环境中，一周左右死亡；阳光直射情况下，经过24小时死亡。对湿热抵抗力较强。一般消毒药品均可杀死该菌。水貂感染该病的主要途径是被患鼻疽杆菌的单蹄动物和被其污染的饲料和水源。

【临床症状】水貂感染该病潜伏期较短，病程急剧，2～5天死亡。表现为拒食，体温升高（40.5～41℃），呼吸困难。鼻孔及鼻中隔部分溃烂出血，流出脓血样分泌物，流眼泪。幼兽脚趾间皮肤和关节出现小脓疱，破溃后流出黏稠的黄白色浓汁。病兽表现一前或一后肢跛行。在颌下、眼下、胸侧、腹部及四肢关节出现结节和溃疡，形成边缘不整齐，如火山口样的溃疡灶。公水貂有的发生睾丸炎，鼻部溃烂不明显。死前出现后肢瘫痪。

慢性病兽，食欲不振，体温接近正常。呼吸困难伴随有鼻塞音，有时鼻内喷出脓样泡沫。可视黏膜苍白黄染。有的耳下或颈、胸腹侧皮肤溃疡，被毛粘接，形成污秽的结痂。

【剖检】死亡病兽尸僵不全，被毛逆立，蓬乱无光泽，鼻孔周围有黏液性分泌物附着；皮肤上散在有边缘不整的、被毛粘结的破溃灶。

皮下组织散在黄褐色胶样浸润灶或破溃灶，末梢血管充盈，血凝不全，呈暗红色，鼻腔黏膜潮红溃烂，鼻中隔有冰花样溃斑，肺小叶膨胀不全，有的伴有米粒大黄色坏死灶。心内膜有出血点或出血斑，心肌弛缓。脾脏肿大，有出血点。肝脏呈土黄色，肿大，被膜紧张，胆囊充盈。胃肠黏膜有散在的出血点，黏膜易脱落。

【诊断】根据临床症状和病理剖检变化，即可作出初步诊断。最后确诊需要做细菌学检查。

【防治】预防：使用骡、马、驴肉或副产品时，一定要做好检疫。阳性或可疑的肉类饲料。一定要煮熟后使用。发生鼻疽病时，要将病兽及时隔离，尸体深埋或焚烧。饲养人员要做好自身防护工作，特别是剖检和剥皮时，一定要带上医用橡胶手套。改善饲养环境，提高动物机体抵抗力，可以减少患该病的几率。

治疗：该病尚无特效治疗方法。可使用土霉素、金霉素和磺胺类联合使用。

三、主要寄生虫病

（一）旋毛虫病

旋毛虫病是人畜共患的一种寄生虫传染病。水貂采食含有旋毛虫囊包的肉类饲料（主要是猪产品）而发生旋毛虫病，引起以消化紊乱、呕吐、腹泻、肌肉肿胀等为特征的寄生虫病。

【病原】旋毛虫是一种很细小的线虫。雌虫长 3~4 毫米，雄虫不到 2 毫米。成虫寄生在动物的小肠里，称为"肠型旋毛虫"。幼虫寄生在同一宿主的肌肉内，称为"肌型旋毛虫"，呈盘香状卷曲于肌肉纤维之间，形成包囊，呈梭形黄白色小结节。旋毛虫对外界的不良因素具有较强的抵抗力，对低温具有很强的耐受力。高温可以杀死肌型旋毛虫，一般在 70℃ 可以杀死包囊内的旋毛虫。如果蒸煮时间不够，肌肉深层的温度达不到致死的温度时，其包囊内的虫体仍可保持活力。

【发病机制】水貂采食含有旋毛虫包囊的饲料后，在胃内包囊溶解，幼虫溢出，在十二指肠内迅速生长发育，经过 4 次蜕皮，发育成性成熟的肠型旋毛虫。雌虫受胎后，钻入肠黏膜内产下幼虫。幼虫经过淋巴和血液循环，移行到横纹肌生长发育成肌型旋毛虫。以膈肌、肋间肌、嚼肌、舌肌最为常见。幼虫在肌肉内生长发育，产生一些代谢产物刺激动物体形成包囊，每个包囊内含有 1~2 个蜷曲的幼虫，包囊钙化以后幼虫死亡。

【症状】寄生在小肠的成虫吸取营养。分泌毒素，致使动物体消化系统紊乱，表现呕吐、下痢，动物消瘦、食欲不振。寄生在肌肉的幼虫。排泄出的代谢毒素，刺激肌肉疼痛，动物不愿活动、食欲不振、消瘦。

【诊断】动物生前不易诊断，死后尸体消瘦，皮下无脂肪沉积，皮下筋膜和背部肌肉有芝麻粒大小的黄白色小结节散在。取下放在载玻片上，压片，低倍镜下观察，可见呈盘香状蜷曲幼虫。

【防治】加强饲料原料的卫生防疫工作，对于有疑虑的肉类饲料一定要高温处理。为了彻底杀死肌肉深处的旋毛虫包囊，应把原料切成小块，再进行蒸煮。

兽群按照正常程序，定期投放驱虫药物，饲喂生原料的养殖场可以定期多次投放驱虫药物。如阿苯达唑（丙硫咪唑）10 毫克/千克体重投放。

（二）肾膨结线虫病

肾膨结线虫病又叫肾虫病，是由肾膨结线虫感染引起的以消瘦、频尿、血尿、贫血等为特征的寄生虫病。该寄生虫多寄生于猪、狗的肾脏中，淡水鱼也有此寄生虫。

【病原】肾膨结线虫呈鲜红色，虫体较长，两端略细，呈圆条状，雄虫长 14～40 厘米，宽 0.3～0.4 厘米；雌虫长 20～60 厘米，宽 0.5～1.2 厘米。多寄生在右侧腹腔。

【发病机制】水貂生食感染有肾膨结线虫的饲料原料而感染该病。寄生在肾脏的雌虫，性成熟雌雄交尾后，其卵随尿排入水中，感染淡水鱼，或者通过饮水感染其他动物。

【临床症状】水貂感染肾膨结线虫多寄生于右侧的腹腔。由于虫体移行，分泌毒素和机械刺激，肾脏和腹腔发炎，脏器粘连，浆膜和大网膜纤维素沉着，肝脏受损，患侧肾脏颜色灰白浑浊、质硬，有的穿孔，有的缺损，切面有钙化灶，肾盂有脓样的混浊液体。有的可见虫体穿入肾组织，膀胱内有血尿。所以，患病动物表现消瘦，贫血，可见黏膜苍白，食欲不振，消化紊乱，有时出现呕吐，常出现尿血。

【诊断】生前较难诊断，可以检查尿中有无虫卵。解剖尸体，可见腹腔有淡黄红色腹水。多在右侧肾脏出现虫体。

【防治】以淡水鱼尤其是泥鳅为饲料原料的应该煮熟饲喂。

可用伊维菌素 50 微克/千克体重内服，或 200 微克/千克皮下注射，2 周后再注射一次。

（三）颚口线虫病

颚口线虫病是饲喂淡水鱼类饲料养殖场偶见的消化道寄生虫。

【病原】颚口线虫长 10～30 毫米，宽 2～3 毫米。呈细线状，虫体有 1 个圆形头球，头球具有多条横裂的沟，并有大而扁的刺。虫卵为椭圆形。

【发病机制】水貂采食感感染了颚口线虫的淡水鱼而发生感染。寄生在水貂体内的成虫，固定于胃肠道或穿入心脏，对机体造成机械刺激，在移行的过程中产生毒素，影响机体的正常机能，破坏血液循环，出现贫血、消瘦，以及神经症状等。若虫体寄生于食道壁，由于机械刺激，引起食道黏膜炎症，或形成肿瘤，阻碍食物通过，动物下咽困难或呕吐。若虫体寄生于心、肝、肺等器官，能引起所在器官的穿孔、出血、发炎、肿大、增生以及机能障碍。

【剖检】尸体消瘦，可视黏膜苍白，缺乏皮下脂肪。若寄生于食道，则寄生部位发炎，黏膜增厚，形成肿瘤，食道狭窄，个别者形成憩室。在肿瘤内可以发现虫体。有的尸体的虫体寄生于心脏，造成心脏穿孔，细胞内含有血红色液体。当虫体寄生于肺肝等处时，皆能在其表面发现穿孔痕迹，并可找到虫体。

【诊断】根据饲料来源及加工过程，尸体剖检，查到虫体即可确认。

【防治】加强饲料管理，以淡水鱼为饲料来源的养殖场应将鱼类煮熟后饲喂。

可用一次性口服阿苯达唑 200 毫克治疗病貂。

（四）蚤病

低洼潮湿地区和沼泽地区饲养水貂容易感染蚤病。

【病原】寄生于水貂的蚤类主要是犬栉头蚤和水貂蚤。蚤是一种无翅的吸血昆虫，身体左右扁狭，体外有较厚的角质外骨骼。全身各处都有鬃和刺。触角短而粗，口刺宜于穿孔和吸血。腿粗大，善跳跃。

【发病机制】蚤在水貂毛丛中或者小室垫草内产卵和发育，

卵光滑，易落入小室板缝中或地面上，然后发育成幼蚤。在土壤或动物身上在营寄生生活。

【临床症状】大量蚤类寄生在毛皮动物身上时，由于刺咬、吸血，引起水貂瘙痒不安和营养消耗。常用脚搔抓被侵害部位，使毛皮遭到损伤。严重者可出现贫血，体况消瘦。

【防治】养殖场地势低洼，环境潮湿，一定要经常清理小室，保持地面卫生，小室内可用热碱水和火焰消毒，地面可用敌百虫喷洒。

（五）弓形体病

弓形体病是由一种拱地弓形体的原虫所引起的人、畜及野生动物共患的寄生虫性传染病。

【病原】也称弓浆虫，是一种细胞内寄生虫，属于原虫动物型等孢球虫的一种。它具有双宿主的生活周期，分两相发展，即等孢球虫相和相。前者在宿主肠道内，后者在宿主的组织细胞内。

【流行病学】该病可以通过接触感染，健康黏膜或损伤黏膜及空气飞沫感染，也可以通过胎盘感染。肉食毛皮动物，通过饲料感染的可能性比较大。吸血昆虫也可以传播该病。患病动物的排泄物、分泌物都可以成为传染源。任何年龄和性别的动物都可感染，但幼龄动物，发病率比较高。妊娠期感染。可招致胎儿吸收、流产、死胎、烂胎、难产。产出发育不均的幼仔等。

【临床症状】水貂弓形体病的主要特征是，中枢神经紊乱，呈现兴奋性增高，表现不安和眼球突出或沉郁状态，拒食、运动失调、衰竭，常死于小室内。有的病貂表现听觉逐渐消失，呼吸困难。还有的病貂，常表现急速奔跑，反复进出小室，尾巴向背部伸展，如松鼠样。有的上下颌运动不协调，采食缓慢，失去正常排粪习惯。有的出现结膜炎，常在抽搐中死亡。带有神经紊乱症状的病貂，病程较长，在 1~2 周内仍然存活。

患病公貂失去配种能力，病情时好时坏，神经紊乱正常交替，最后死亡。

妊娠期母貂患病所产仔兽在出生后 4~5 天死亡，或产出发育不正常体躯变形、头盖增大的仔貂，多数不能存活。

【剖检】该病主要侵害神经系统，但主要脏器和组织均有可见的病变。病死貂一般体形消瘦，肌肉色淡或轻度黄染。肺脏充血、出血，水肿，有大理石样的花纹，表面有凝固的可见的坏死结节。脾脏肿大，呈紫黑色。肝脏呈淡黄色，或黑褐红色，质地松脆，表面有出血点和坏死灶。肾脏呈淡黄色，表满布满点状坏死区。

【诊断】该病在临床症状、病理变化和流行病学上特点不明显，不容易确诊。必须在实验室诊断中检查出病原体或特异性抗体才能确诊。可使用直接观察法、动物接种法和血清学检查法来确认该病。

【防治】该病应以预防为主，怀疑被感染的肉类，必须高温后再用。对患有弓形体病的毛皮动物及可疑动物，要进行隔离治疗，预防成为传染源。病死兽的尸体要深埋或焚烧。

治疗该病需在发病初期，可使用磺胺类药物如磺胺嘧啶、磺胺甲氧嘧啶、制菌磺和敌菌净治疗，效果较好。如果用药较晚，虽可使临床症状消失，但不能抑制虫体进入组织形成包囊，从而该动物成为带虫动物。治疗的同时可以增加维生素添加剂的用量，尤其是 B 族维生素和维生素 C 对治愈有促进作用。

四、一般疾病的治疗

（一）食盐中毒

食盐中毒在毛皮动物饲养上时有发生，多数是散发，偶有群发。散发是由于调制饲料时未能搅拌均匀，群发是是由于添加食盐过量导致。

【临床症状】中毒水貂出现口渴，兴奋不安、呕吐，从口鼻中吐出泡沫样黏液，呈急性胃肠炎症状。腹泻、全身虚弱，出汗，伴有癫痫、尖叫。水貂于昏迷状态下死亡。有的病貂运动失调，或做旋转运动，排尿失禁，尾巴翘起，最后四肢麻痹。中毒深浅程度决定于食盐摄入量和饮水情况。有的材料指出，在无饮水，摄入量在 1.8~2.0 克/千克体重时，20% 的水貂出现中毒症状；摄入食盐量增加到 2.7 克/千克体重时，发生典型的食盐中毒症状，并于中毒后的第 3 天，水貂的死亡率达到 80%。当饮水充足时，水貂能够耐受 4.5 克/千克体重的食盐量。

【剖检】口角、鼻孔附近有黏液，个别口腔黏膜溃疡。血液凝固不良呈暗紫色。胃肠炎变化严重，充血，肿胀肥厚，有溃疡灶。肺、肾、脑血管扩张，有的有点状出血。

【防治】准确计算每日食盐用量，最好以饱和食盐水的形式添加食盐，并充分搅拌均匀，同时保证充足的饮水。饲喂咸鱼和鱼粉时，应该考虑到其中的食盐含量。

如果发生食盐中毒，应立即停止盐分高的原料或者暂时停止食盐供应，同时加强饮水。不能主动饮水的病兽，可用胃管给水或腹腔注射灭菌的水。同时注射强心剂，皮下注射 10%~20% 樟脑油 0.2~0.5 毫升，也可皮下注射 5% 葡萄糖 5~10 毫升。

（二）霉玉米中毒

玉米或玉米粉储存不当可能导致发霉变质。霉玉米霉变玉米产生的毒素主要有黄曲霉毒素、赤霉烯酮、伏马霉素及呕吐霉素等。

这些毒素可引起水貂消化系统紊乱、生育能力降低等为主的中毒症状，对水貂养殖业危害极大。

【临床症状】首先表现为食欲减退或废绝，反应迟钝，被毛凌乱，站立或行走时后肢无力，运动失调；呕吐物有霉臭味；腹泻，粪便呈黄绿色糊状；腹围膨大，穿刺有多量总黄色腹水流出；排尿时变现痛苦，尿液呈浓茶色或带血；眼结膜、口腔黏膜及唇黏膜极度黄染，眼多泪，眼角有少量脓性分泌物。

【剖检】血凝不良，皮下组织和全身黏膜以及浆膜黄染，胸腹水及心包液增加，呈橙黄色。肝脏肿大呈土黄色、质脆、表面有灰白色小点散在、肝门淋巴结出血水肿。胆囊膨大。胆管壁增生肥厚、胃黏膜肿胀充血，有的病例胃黏膜上有溃疡及肠系膜水肿。

【诊断】较多水貂出现症状应立即检谷物饲料质量。结合谷物饲料质量和临床症状、剖检等，可作出基本判断。

【防治】注意谷物类饲料的贮存，含水量应控制在 12% 以下，并存放于低温干燥处。霉变的谷物原料最好弃之不用。玉米粉碎后不及时散热，容易引起玉米霉变。

发生中毒后应立即停止饲喂霉变谷物饲料。饲料中加喂蔗糖或葡萄糖、绿豆水解毒，加大维生素 C、维生素 K 用量。

（三）肉毒梭菌毒素中毒

该病是由梭状芽孢杆菌属肉毒梭菌污染肉类或鱼类等动物性饲料，产生大量外毒素，导致水貂急性食物性中毒的疾病。该病的主要特点是神经和横纹肌不全麻痹或麻痹，病兽全身瘫痪不会动。

【病原】肉毒梭菌为专性厌氧菌，能分解蛋白质，产生外毒素，毒性极强，已超越所有已知细菌毒素。此毒素具有较强的抵抗力，对低温和高温都能耐受。当温度达到105℃时，经过1～5小时才能被破坏。

【流行病学】水貂对该毒素非常敏感，并且没有年龄、性别和季节性的区别。常呈群发性，病程和死亡率取决于水貂摄入的毒素量。

【临床症状】水貂肉毒梭菌毒素中毒多为超急性经过，少数为急性经过。病貂表现运动不灵活、躺卧、不能站立，先后肢出现不全麻痹或全麻痹，不能支撑身体、拖拽爬行（即呈海豹式行进），继而前肢也出现麻痹，病貂出入小室门口困难，常滞留于小室口外，意识在未进入昏迷期前，一直很清楚。将病貂拿在手中，像未尸僵的死貂一样，瘫软无力。

有的病貂出现神经症状，流涎、吐口沫，颌下被毛湿润，瞳孔散大，眼球突出。有的病貂痛苦尖叫，进而昏迷死亡，较少看到呕吐和下痢。有时水貂无明显症状而突然死亡，死前呈现阵挛性抽搐。

【剖检】无明显的特征。

【诊断】死亡水貂多为采食良好，身体健康的水貂，结合出现的临床症状，可以怀疑是肉毒梭菌毒素中毒。

为进一步证实诊断，可进行毒素检查。将待检材料，剩食或胃内容物，按照1∶2加入灭菌生理盐水，在无菌状态下研碎，放室温浸，滤过使之透明，将滤液喂给两只豚鼠。如有毒素，实验动物经过3～4天，发生麻痹死亡，少数延续到10～12天死亡。对照组喂给经过100℃煮沸30分钟以上的前述滤液，在同一饲养管理条件下，该组动物健康活泼不发病。

【防治】使用自然死亡的动物尸体作为饲料时，一定要经过蒸煮。对该病污染区一定要提高警惕、加强消毒，可考虑注射 C 型肉毒梭菌疫苗，一次接种免疫期为 3 年。

发生该病可肌内注射肉毒梭菌毒素抗毒血清 10 万单位，病症严重个体可 6 小时注射一次，肌内注射青霉素钠 20 万 ~40 万单位，每日 2 次，葡萄糖 20 克饮水，每日 2 次。

（四）亚硝酸盐中毒

多数青饲料含有硝酸盐，在一定温度、湿度下由于细菌的作用，硝酸盐被还原成亚硝酸盐。

【病因】青饲料一般都含有一定量的硝酸盐，在 20 ~25℃ 下 30 小时，或 37℃ 下，经过 24 ~48 小时，或在 50℃ 下，经过 6 ~8 小时的堆积、腐烂或盖锅焖煮处理，在细菌的作用下，将硝酸盐还原成亚硝酸盐，用这样的青饲料饲喂水貂，极有可能引起水貂中毒。

【临床症状】多在食后不久急性发病，有的突然死亡；有的表现呼吸加快甚至发喘，流涎，口吐白沫，呕吐，不安或转圈，抽搐、腹痛、皮肤发冷，可视黏膜发紫，尖叫、心跳减弱、很快死亡。

【剖检】口、眼、鼻黏膜紫色，血液凝固不良呈酱油色，胃黏膜可见弥漫性出血、心肌苍白。肺出血或气肿。肝脏大呈紫黑色，切开有大量酱油样血液流出。

【诊断】根据临床症状和剖检，结合饲料制作过程，可作出基本判断。

【防治】青饲料应用热水稍烫过后生喂，或者蒸煮时不盖锅盖，煮沸后立即拿出晾凉后使用。禁止堆放青饲料，以免发热发生腐烂。

如果发生中毒，可肌内注射 1% 美蓝，每千克体重 0.5 毫升，每日 1 次，连用 3 ~ 5 天；在呼吸急促时可肌内注射肾上腺液 0.1 毫升。也可用安钠咖等强心剂改善心脏功能。

（五）酸败脂肪中毒（黄脂肪病）

动物性饲料中的不饱和脂肪酸，容易氧化酸败，散发刺激性气味产生醛、酮等有害物质。鱼类饲料含有不饱和脂肪酸多，较其他动物性饲料更容易酸败。在低温条件下，含脂肪的动物性饲料发生缓慢的氧化，贮存时间比较长的鱼类饲料，是引起水貂黄脂肪病的主要原因。

【临床症状】以冻储鱼、肉类为主要饲料原料的貂群容易出现该病。一般多以食欲旺盛、发育良好的幼貂最先受害致死。

急性病例突然死亡，大群水貂食欲不振，精神沉郁、不愿活动，出现下痢。重者后期排煤焦油色稀便，或后躯麻痹、腹部尿湿，常在昏迷状态下死亡。触摸鼠蹊部两侧脂肪，手感呈硬猪脂状或绳索状。

慢性病貂出现食欲减退，消瘦，不愿活动，成年水貂易出现这种病症，易与阿留申病混淆。

【剖检】尸体皮下组织黄染多汁，有的皮下有出血点，皮下脂肪黄白色，湿润，有的水肿，特别是鼠蹊部两侧脂肪尤为严重，淋巴结肿大。

胸腹腔有水样黄褐色或黄红色的渗出液。

大网膜和肠系膜呈污黄色多汁，肠系膜淋巴结肿大。肝肿大呈土黄色或红黄色，质脆弱，典型脂肪肝，肾脏肿大。胃肠黏膜有卡他性炎症，附有少量黏液及褐红色的内容物，直肠有少量煤焦油样的黏稠粪便。

慢性病例，尸体消瘦，皮下组织干燥，黄染不明显，肝浊肿，呈粉黄、红色或淡黄色，质脆，切面组织不清。肾实质灰黄色或污黄色，胃肠卡他性炎症。

【防治】预防该病要注意冷冻饲料的库存时间和保藏温度，发现有酸败的饲料原料要及时处理或废弃。同时注意饲料中维生素 E 的添加量。

发生该病后要立即停止饲喂腐败变质的饲料，加大维生素 E 的投放量。出现症状的水貂每天注射维生素 E 溶液 0.5 毫升，复合维生素 B 注射液 0.5 毫升，青霉素 10 万单位，持续给药 7～10 天。

（六）鱼中毒

贮存时间过长的鱼类饲料腐败变质后会产生组织胺，可引起动物中毒。以青皮红肉鱼产生的组织胺较多，而且产生速度快，死亡率高。如鲐鲅鱼、鲭鱼、沙丁鱼等。另外鲭鱼的肝脏、鲈鱼的卵、河豚鱼、鳇鱼头、安康鱼卵等都具有毒性，大量饲喂可造成水貂中毒死亡。

【症状】开始少数水貂食欲不好、剩食，进而大批剩食，消化紊乱、呕吐、精神萎靡、不愿活动、喜卧、后躯麻痹等。

急性中毒，只看见神经症状，抽搐而死，幼貂比老貂严重。

如果发生在妊娠的中后期，可导致妊娠中断出现死胎、烂胎现象，造成繁殖失败。

【诊断】生物毒一般很难测定，多采用敏感动物，通过生物学饲喂的方式来测定。

【防治】养殖户应了解一些有毒鱼类的知识，调制饲料时，及时挑出。

如果发生中毒，应立即停止饲喂有毒的饲料，调整貂群的饮食，喂给新鲜无毒适口性强的动物性饲料。个别病例，可以采取对症治疗，强心、解毒补液等综合措施。

（七）大葱中毒

大葱可以用作繁殖期间催情饲料，但是饲喂不当可能引起水貂急性中毒。该病的特征性变化是酱油样血尿。

【病因】该病主要是由于饲喂过量导致。正常情况下，每只水貂日采食量 10～15 克，为正常饲喂量。日采食量达到 30 克以上时，可引起慢性中毒；70 克以上时引起急性中毒；90 克时，可致死。

【临床症状】慢性中毒水貂精神沉郁，被毛蓬乱，卧笼不起，颤抖，频排血尿，站立不稳，全身有节奏的颤抖，饮水增加，两眼紧闭，眼角内有眼屎，结膜黄白色，排血尿。急性病例，排出酱油样血尿。

【剖检】一般尸体营养状况良好，皮下有脂肪沉着，黄染，肝脏呈土黄色，质地脆弱，肿大 1.5 倍，切面外翻，流出少量酱油样血液。肾脏肿大一倍，黄褐色，被膜下布满针尖大黑紫色出血斑，脾脏肿大，可能是继发性感染导致。

【诊断】根据水貂日粮中大葱供给量和病貂症状，结合大葱供给时间和症状出现时间，可作出初步判断。

【防治】在适量范围内逐步增加大葱供给量，饲料一定要搅拌均匀。

一旦出现大葱中毒现象，应立即停止大葱供给，保证充足的饮水。饲料中可添加一定量的白糖或加喂绿豆水。病症严重水貂，可注射强心药物。

（八）铅中毒

铅是一种蓄积性和多亲和性的毒物，可作用于全身各个器官。铅可以抑制多种酶的活性，使血红蛋白的合成受到阻碍而形成贫血。慢性中毒时以损害神经系统为主，使肾小管功能失调并造成贫血等症状。

【病因】主要是食入或吸入含铅物质引起的。

【临床症状】铅中毒分为急性和慢性，主要表现为神经症状和消化紊乱。

急性发作时，多见步态摇晃、转圈、头颈震颤、口吐白沫、嚼齿、尖叫、惊厥而死。

慢性发作时，病貂精神沉郁、厌食、流涎、腹泻、妊娠中断、流产、死胎。

【剖检】病貂消化道有胃肠炎症，肝脏色淡，肝小叶变性，脂肪性营养不良。肾脏充血，脑水肿，大脑皮层严重充血或层状脑皮质坏死。肌肉苍白或呈煮肉样，皮下、胸腺和器官出血，膀胱炎，角膜炎和眼球出血。

【诊断】主要根据病史、临床症状、组织学特征和化学分析进行诊断。一般取血液、肝脏和胃内容物。化验含铅量作为诊断的依据。

【防治】停止饲喂受到铅污染的饲料，注意水貂饲养环境。

（九）　维生素 A 缺乏症

维生素 A 缺乏症是以引起生皮细胞角化为特征的一种疾病。水貂易得此病。

【病因】饲料中维生素 A 不足，不能满足动物机体的需求；动物患有慢性消化器官疾病影响维生素 A 的吸收和利用；饲料中添加了酸败的脂肪、油脂、肉骨粉、蚕蛹等，使饲料中的维生素 A 遭到破坏。

【临床症状】饲料中维生素 A 不足时，经过 2~3 个月，表现出症状，特征变化时皮肤上皮细胞角化和干眼病，成年兽和仔兽的症状相似。患貂应激性增高，受到外界微小刺激，就会引起高度兴奋，幼貂生长缓慢，不同程度表现出神经症状，仔貂腹泻，粪便内有大量的黏液和血液。

母貂性周期紊乱、发情不正常、发情延期、孕期发生胚胎吸收、出现死胎、烂胎仔兽瘦弱。公貂性欲低下，睾丸缩小，精子形成障碍，畸形率高。

【剖检】因维生素 A 缺乏死亡的动物，尸体比较消瘦，表现为贫血，仔兽见有气管炎、支气管炎。幼兽常发现胃肠变化，胃内常见有溃疡，肾和膀胱易有尿结石。

【诊断】对病兽的血液和肝内的维生素 A 的含量进行测量，同时进行日粮分析。在可疑情况下可进行治疗性诊断，在饲料中添加鱼肝油，如果症状明显好转，则为维生素 A 缺乏症。

【防治】水貂对胡萝卜丝消化利用率很低，在日粮中要直接补充维生素 A。维生素 A 必须按照不同生物学时期动物需求量进行添加，特别是在准备配种期、妊娠期和哺乳期，必须补充足够的维生素 A。

当发生维生素 A 缺乏症时，治疗量为预防量的 5~10 倍，水貂可每天内服 3 000~5 000 单位，同时饲料内有足够量的中性脂肪。

（十）维生素 E 缺乏症

维生素 E 是几种具有维生素 E 活性的生育酚的总称。它的主要功能是作为一种生物抗氧化剂，特别是脂肪的抗氧化剂。维生素 E 与微量元素硒的代谢密切相关，通过他们的共同作用，可以节省维生素 A 和不饱和脂肪酸。

【病因】主要原因是日粮中缺乏维生素 E。日粮中维生素 E 的缺乏除了供给不足之外，跟动物性饲料的贮存条件和时间以及加工也有很大的关系。一般来说冷藏达不到 -18℃，贮存时间长，会使脂肪氧化加快，使维生素 E 分解加快。长期饲喂脂肪含量高的鱼类，特别是带鱼、鲭鱼。也会使饲料中的维生素 E

遭到破坏。

【临床症状】缺乏维生素 E 主要是动物的破坏繁殖机能。可以导致母兽发情延迟、不孕、空怀增加；新生仔兽虚弱无力，精神萎靡，吸吮能力低下，死亡率增高；公兽性机能减退、精子生成机能障碍。维生素 E 缺乏是导致水貂患脂肪组织炎的重要原因之一。在腹股沟皮下可以摸到片状或串状的硬脂肪块，黏膜发黄。严重病例有胃肠炎，拉沥青样粪便，膀胱内有红褐色尿液。

【剖检】尸体的营养状况一般良好，仔兽的病程短，常常皮肤变硬，皮下脂肪增厚呈淡黄色，大网膜、肠系膜和心冠周围沉积有褐黄色的脂肪，脾脏肿大 2～3 倍。胃内有出血现象，内容物为暗红色。肝脏呈黄色，松弛，脂肪硬化。

【诊断】根据饲料情况、维生素 E 的添加情况、临床症状和病理剖检可作出基本判断。

单纯的维生素 E 缺乏症较少见，多数与脂肪组织炎并发。脂肪组织炎的特点是皮下高度水肿浸润，尸体好像浸在血样液体中，脂肪呈黄色，皮下脂肪和皮肤不因分离。

【防治】在配种、妊娠和哺乳期，预防维生素 E 缺乏症非常有必要。严禁饲喂脂肪氧化的饲料，必须排除含有脂肪氧化的可以饲料。饲料中每天都应该额外添加维生素 E。

治疗方法主要是补充维生素 E，水貂每只每天补充 10 毫克。对于严重个体可以注射维生素 B_{12} 50～100 毫克/千克体重，维生素 E 5～10 毫克/千克体重。

（十一）维生素 C 缺乏症

维生素 C 又称抗坏血酸，母兽妊娠期体内缺乏维生素 C，容易引起新生仔兽"红爪病"。这是因为缺乏维生素 C 使得骨骼的生长带破坏，毛细血管的通透性增高，促使毛细血管出血，血细胞的生长受到抑制，使仔兽发生"红爪病"。

【病因】饲料中缺乏维生素 C，或者饲料贮存时间过长，其中的维生素 C 已经分解。

【临床症状】主要症状是一周内的新生仔兽发生"红爪病"。其症状是四肢水肿、关节变粗，指垫肿胀变厚，指关节及指垫皮肤紧张，高度潮红。尾部水肿。经过一段时间后脚趾间形成溃疡和龟裂。脚掌水肿在出生后即发生，逐渐变严重，第 2 天脚掌会有轻度充血，此时尾端变粗，皮肤高度潮红。

患病仔兽发出尖锐的叫声，到处乱爬，头向后仰（似打哈欠），不能吸吮母貂乳头，易使母貂患乳房炎。

【剖检】剖检出生后 2～3 天的死亡仔兽，可见胸腹和肩胛部皮下发生水肿和黄疸，在胸、腹部常发生广泛性斑块状出血，其他变化不显著。

【诊断】可根据典型的临床症状、剖检和饲料分析。通过对饲料和母兽初乳中的维生素 C 的含量检测，可确诊。正常成年母兽乳中维生素 C 的含量大约为 0.8 毫克/100 克，病兽乳中的维生素 C 的含量仅为 0.1～0.48 毫克/100 克。

【防治】日粮内必须提供充足的维生素 A、B_1、B_2、H 和 C，保证饲料全价。妊娠期必须排除保存时间过长、质量不好的可疑饲料，要保证饲料新鲜。

产后及时检查仔兽是否有缺乏现象，及早发现及早治疗。可使用 3%～5% 的抗坏血酸溶液，每只 1 毫升，每天 2 次，用滴管滴入口腔，直到水肿消失为止。同时日粮中补充充足的维生素 C。

（十二）维生素 B_1 缺乏症

维生素 B_1 又称硫胺素，缺乏该维生素时，水貂食欲减退，共济失调，后躯麻痹。

【病因】饲料中长期却维生素 B_1，或者饲料氧化成分过多，或者含有硫胺素酶过多。

【临床症状】饲料中缺乏维生素 B₁ 时，经过 20～40 天，开始出现食欲减退、剩食、消瘦、步态不稳、抽搐、痉挛。严重缺乏时，神经末梢变性，组织器官机能障碍，体温降低，心脏机能衰弱，消化机能紊乱。母貂生产率下降，妊娠时间长、死胎、空怀增多，产仔弱。仔貂发育停滞，有神经症状，角弓反张，共济失调，后躯麻痹，在笼中乱爬，后躯被动驱动，拖动前行。

【剖检】新生仔貂头部出血水肿，尸体消瘦，心包有淡红色液体。妊娠母貂常发现木乃伊化的胎盘。胃肠空虚，或充满沥青样的粪便。

【诊断】根据临床症状和日粮中维生素含量情况作出初步判断。

【防治】日粮中应长期添加 B 族维生素，不能长期饲喂有破坏维生素 B₁ 的饲料。

发现该病时，主要治疗措施是改善饲料条件，添加充足的维生素 B₁。拒食的水貂可注射维生素 B₁ 注射液 0.25 毫克/只。

（十三）维生素 B₂ 缺乏症

维生素 B₂ 又称核黄素，缺乏时会引起水貂皮炎，被毛褪色及生长缓慢。

【病因】饲料中维生素 B₁ 不足。

【临床症状】核黄素缺乏时首先引起神经机能的破坏，表现为步态摇晃、后肢不全麻痹、痉挛及昏迷状态。全身被毛脱落，黑色被毛褪色变为灰白色或者毛色变浅。母兽发情延迟，新生仔兽不健全，颚裂分开，骨缩短。5 周龄仔兽完全无被毛及具有肥厚脂肪皮肤，运动机能衰弱，晶状体混浊，呈乳白色。

【剖检】主要的特征是仔兽发育不健全。

【诊断】可根据症状怀疑，加大核黄素投放量，看症状是否减轻。

【防治】仔细计算水貂日补充核黄素量，日粮中脂肪含量大时，需要增加核黄素的给予量。水貂每天 1.5 ~ 2 毫克。妊娠和哺乳期母貂 3 毫克。

（十四）维生素 B_6 缺乏症

维生素 B_6 又称吡哆醇，该缺乏症常在繁殖期发生，可引起公貂无精子，母貂空怀、胎儿死亡，仔兽生长发育迟缓。

【病因】饲料中维生素 B_6 不足。

【临床症状】当吡哆醇缺乏时，妊娠期母兽空怀率及仔兽死亡率增高。公貂没有精子，性机能消失，无性的反射。睾丸明显缩小，检查其内无精子。仔兽表现高度生长发育迟缓。此外母兽妊娠期延长和健壮公兽的尿结石也与维生素 B_6 不足有关。

【诊断】该病缺乏典型症状和特征性的病理变化，所以诊断必须依靠仪器分析日粮中吡哆醇的含量。

【防治】合理计算日粮中吡哆醇的含量，特别是妊娠期和发情期应特别重视。1 千克干物质内含有吡哆醇 0.9 毫克即可。

对于病兽可增加给予量，发情期 1.2 毫克，每日 1 次；被毛生长期 0.9 毫克；生长后期，每千克体重 0.6 毫克。

（十五）维生素 B_{12} 缺乏症

维生素 B_{12} 缺乏或不足会导致水貂发生肝脂肪变性等症状。

【病因】主要原因是饲料中缺乏维生素 B_{12}。

【临床症状】表现为贫血、消化不良、衰弱。妊娠期导致仔兽死亡率高。

【剖检】肝脂肪变性，呈黄色质地松弛。

【防治】按水貂通常的日粮标准饲喂，就能满足要求。水貂妊娠期补充维生素 B_{12} 具有良好作用。

治疗量按照每千克体重注射 10～15 毫克，每两天注射一次，直到症状消失。

（十六）叶酸缺乏症

该病的主要特点是引起严重贫血、消化不良和被毛缺损。

【病因】日粮单一，缺乏叶酸，或长期使用抗生素及磺胺类药物，破坏肠道正常微生物群。

【临床症状】水貂表现为衰竭、腹泻、可视黏膜贫血、红细胞减少、血红蛋白降低，病兽被毛蓬乱，部分褪色或变浅。

【剖检】尸体消瘦，被毛褪色和引起皮炎。

【诊断】根据临床症状和剖检及日粮分析可作出判断。

【防治】水貂繁殖期日粮需要 0.5～0.6 毫克，妊娠期需要 3 毫克。

在治疗上口服叶酸 3～4 毫克，能够收效。

（十七）感冒

感冒是由于外界气温突变，机体被寒冷袭击而引起的病理生理防御性的适应性反应，是全身反应的局部表现，是导致很多疾病的基础。

【病因】气温突变时导致该病的最根本原因。同时与机体的抵抗力有关。

【临床症状】病貂皮温升高，表现为流鼻涕、淌眼泪和发烧。病貂精神不振、食欲减退、两眼半闭半睁，含泪，鼻孔有少量水样鼻液，鼻镜干燥，不愿活动，多蜷于小室内。

【诊断】根据气候变化和临床症状可作出诊断。

【防治】加强管理，加强营养均衡供给，提高机体抵抗力。初春和入秋应保持小室内垫草干燥和丰富，利于保温。

发病水貂可用解热剂安痛定等注射液降热，同时加大维生素

B 类的供给量。防止继发感染可用广谱类抗生素预防。

（十八）中暑

中暑是日射病和热射病的统称，是由于水貂散热障碍和阳光辐射作用引起的中枢神经系统、呼吸系统和血液循环系统功能严重失调的综合。

【病因】气温过高、棚舍通风不良，动物受阳光直接照射引起脑过热（日射病）或全身受热刺激（热射病）引起的疾病。

【临床症状】体温升高，病兽精神沉郁，呈昏厥状态，呕吐，呼吸困难，张口伸舌，气喘不止，可视黏膜发绀，最后昏迷、痉挛而死亡。死后多为脑充血、肺出血。

【诊断】根据天气情况和临床症状即可作出判断。

【防治】该病以预防为主，加强棚舍通风，增加降温设施，避免夏季阳光直射动物。

发生该病时，立即将病兽转移到凉爽通风处，以凉水冲洗身体，用冰块冷敷头部，还可以用冰盐水灌肠，促进散热。可用 20%樟脑油 0.1～0.3 毫升/只，皮下注射；也可用樟脑磺酸钠注射液 0.5～1 毫升，肌内注射。

（十九）口腔炎

口腔炎是指非传染性的口腔黏膜发炎。水貂口腔炎症多为机械性外伤导致，很少有机能性或腐蚀性药物引起。

【病因】咬伤、啃咬笼内锐物，吞食鲜骨等有刺物，可能引起口腔或齿龈炎症。有一些传染性疾病也有口炎症状，如传染性水疱性口炎、阿留申等。

【临床症状】单纯的口腔炎患兽不愿吃食，围着食盆转，想吃不敢吃。流涎、黏膜潮红发炎，重者精神萎靡，体温升高。

【诊断】一般根据临床症状和口腔黏膜的变化，可作出诊断。

【防治】在日常管理中，注意笼舍坚固完好，尽量绞碎含骨原料和挑拣出原料内的杂物。

患兽可用0.1%高锰酸钾水冲洗口腔或添加在饮水中让病兽自由饮用。也可用碘甘油涂抹口腔。重者可结合全身疗法，肌注青霉素或链霉素。

（二十）急性胃肠炎

该病是由于饲养管理不当、饲料腐败、饮水不卫生等原因造成胃肠黏膜炎症，以排稀便和严重的胃肠紊乱为特征。

【临床症状】患病初期食欲减退，有时出现呕吐，中期口腔黏膜充血、干燥、发热。腹部蜷缩，肠蠕动增强，下痢，排蛋清样灰黄色或灰绿色稀便，也有血便或煤焦油状粪便。后期病貂严重脱水，眼球塌陷，抽搐而死。重者有时出现脱肛，尤以仔兽多见。

【诊断】根据临床症状和饲喂环境可作出初步判断。

【防治】加强管理，改善饲料品质，排除不新鲜饲料原料，加强食具卫生管理，注意饮水质量。

发生该病后可用抗菌消炎药物，增加容易消化、营养丰富的饲料原料。可全群投饲四环素20~25毫克/千克体重，也可以使用氟苯尼考10~15毫克/千克体重，每日两次，连用3~5天。

（二十一）乳房炎

该病是由于乳汁滞留或者乳房外伤后受细菌感染引起的乳腺组织和乳头发炎的一种急性或慢性炎症。仔貂争抢以致咬伤奶头而被细菌感染，或母貂比如量过多，仔貂不能吃完，造成乳汁滞留，都可能引发乳房炎。

【临床症状】病貂表现不安，在笼中乱转，不护理幼崽。乳房红肿、发热、触摸有硬结，严重的化脓，局部疼痛。

【诊断】根据母貂表现和局部乳房检查即可确诊。

【防治】发现母兽不在窝内哺乳，在笼内站立不安，应检查母貂乳房情况。

发生该病可用青霉素 20 万单位在乳房周围分点注射，再配合注射 0.25% 普鲁卡因 5 毫升，克止痛；如果乳房已经化脓，可先切开局部排脓，再用 0.3% 的雷夫奴尔溶液清洗，然后涂消毒药；哺乳母貂不吃食时，用 10% 的葡萄糖 20 毫升皮下补液，或将仔貂拿出代养，以促使母貂乳房尽快恢复。

（二十二）烂胎败血症

死胎、烂胎、仔兽发育不均，母仔同归死亡使妊娠中断，发生于怀孕中后期。

【病因】妊娠中后期如果饲料发生变化引起食欲波动或拒食。容易引发流产、死胎、烂胎、母仔同死。发生于妊娠前期容易引发胎儿被吸收，导致空怀率高。

整个妊娠期间，饲喂贮存时间过长或稍微变质的动物性饲料，或者含有一些腺体的畜禽下脚料，都可能引发该病。霉变或含有有毒成分的植物性饲料也可以致使怀孕母兽流产、死胎、烂胎。慢性传染病，如阿留申病、犬瘟热病等也可以导致该现象。

【临床症状】貂群食欲不好，怀孕症候消失；腹围变小，或腹围变粗，到预产期不产仔，或产仔情况不好，幼崽瘦弱，发育不良。怀孕后期妊娠中断，胎儿死在母体内，产死胎、烂胎，造成自身中毒母仔同死。

【剖检】流产的胎儿残缺不全，腐败糜烂，母仔同归死亡的母貂，营养状况良好，腹腔剖开，两子宫角内有发育不均等的死胎、烂胎。有的子宫角糜烂破裂、腐败，腹膜发炎，其他脏器表现自身中毒，败血症现象。

【诊断】根据产期情况和死胎、烂胎、流产现象可以做出判断。

【防治】该病以预防为主，发生该病就会造成很大损失。应加强改善饲养环境，根据妊娠期不同阶段及时调整饲料营养水平，给予新鲜易消化的饲料。注意微量元素和维生素的补给。

(二十三) 难产

饲养管理不当，母兽过胖，都会出现母兽难产。

【病因】妊娠期饲料不稳定，经常发生变化，造成妊娠母兽食欲波动或拒食；喂给腐败变质饲料；怀孕前期，饲料营养过剩造成母兽肥胖；胎儿发育不均，生命力弱，大小不等，死胎、畸形、胎儿水肿等，母体产道狭窄；胎势胎位异常等，都可能导致难产。

【临床症状】多数母兽超出预产期时发病，病兽表现不安，呼吸急促，来回奔走，不停地往返小室内外，有分娩行为，努责、排便，发出痛苦的呻吟；有的从阴道流出褐红色的血样分泌物，后驱活动不灵活。常常两后肢拖地前行，患兽时而回视腹部时而舔会阴部。也有的胎儿露出外阴，夹在产道内久久不能产下。母兽衰竭，精神萎靡，子宫阵缩无力，后期往往俯卧于笼内或小室内不动。

【诊断】根据母兽已到预产期，并具备临床表现，不见胎儿娩出，母兽进出小室不安，阴道内有血污排出；时间已超过24小时，可以视为难产。

【防治】当发现母兽半日仍未产出胎儿，先进行催产。肌内注射脑垂体后叶素 0.3 ~ 0.4 毫升，间隔 20 ~ 30 分钟，再注射一次。经过 24 小时仍不见胎儿产出，可进行人工助产。母貂肌肉注射脑垂体后叶素 0.2 ~ 0.5 毫升或肌内注射 0.05% 麦角胺 0.1 ~ 0.5 毫升。经过 2 ~ 3 个小时后。仍不见胎儿娩出，可进行人工助产。

人工助产：首先用消毒液作外阴消毒（最好是0.1%高锰酸钾溶液或新洁尔灭溶液），继之以甘油或豆油作引导润滑剂，用长嘴止血镊子将胎儿拉出。如遇有个别母貂经催产助产无效时，可进行剖腹取胎。

（二十四）仔兽消化不良

由于母兽肠道疾病或乳腺疾病引起乳汁不佳，导致仔兽下痢，排黄色稀便。

【病因】劣质饲料饲喂泌乳母兽，小室内垫草不足、潮湿，污染了母貂的乳头，都可能导致幼貂发生消化机能障碍。高蛋白的乳汁在仔兽的胃肠道内异常发酵，产生有害物质，刺激肠蠕动加快出现下痢。仔兽腹痛不安，吱吱作声，排出黄色消化不完全的稀便。

【临床症状】主要发生在出生后一周龄内的仔貂。患病仔貂发育落后、腹部不饱满、叫声异常、粪便为液状，呈灰黄色，含有气泡，肛门污染粪便。仔貂粪便应注意观察，否则多被母貂吃掉，不易观察到。

该病具有局部发生的特点，即在个别窝发生。该病多为暂时性的，持续4~7天，多数转归痊愈。

【剖检】仔貂肠管内有大量黄色液状内容物，胃内残留有食物残渣或乳块，充满气体，肠壁薄。肝脏常常呈土黄色。

【诊断】根据下痢状况、剖检和发病日龄，即可做出初步诊断。

【防治】加强哺乳母貂的饲养管理，供给优质、全价、易消化的饲料。及时清理小室内的污染垫草和粪便，特别是仔貂开始吃食后，更要严格注意小室内的卫生，及时清除剩食和粪便。仔貂足够大时，及时撤出托仔网。

（二十五）幼貂胃肠炎

该病多发生在刚断乳的幼兽。此时期的幼兽消化机能比较差，饲养环境变化很容易导致幼兽胃肠炎、出现大批发病和死亡。

【病因】该病主要是由于胃肠受不良食物及其分解产物的刺激，引起胃肠分泌和消化机能的紊乱，胃肠内容物在肠道微生物群的作用下，异常发酵。分解产生一些有害的物质，直接刺激胃肠道黏膜，促进了炎症的加重或恶化，有害物质被吸收引起中毒，出现全身症状。

饲料质量不佳，新鲜程度不好。此外，日粮比例不当，调制方法不合理，卫生条件不良等，都会引起胃肠炎，也易导致传染性胃肠炎的流行，如大肠杆菌病、副伤寒等。

【临床症状】初期出现腹泻，粪便不正常，食欲减退，精神沉郁，病兽可视黏膜贫血，眼球塌陷，被毛焦躁，弓腰蜷腹，肛门或会阴被稀便污染。有的幼貂出现呕吐，里急后重，严重者出现脱肛现象。

【剖检】尸体消瘦，可视黏膜苍白。急性经过者，胃肠黏膜有出血点或条状出血。肝脏浊肿，质地脆弱，捏之易碎。慢性经过者，肠壁菲薄。

【诊断】根据临床症状和剖检可作出初步诊断。

【防治】仔貂断乳期应给与新鲜易消化的全价饲料，同时注意保持清洁卫生的饲喂环境。如果饲料质量欠佳，可以预防量轮换使用几种抗生素，以达到预防该病发生的目的。

发生该病后，应积极治疗，否则死亡率很高。全群可投放益生菌制品，严重者可皮下多点注射5%葡萄糖溶液5～10毫升，复合维生素B注射液1毫升，每日一次肌内注射，氯霉素注射液0.25毫升，每日两次肌内注射，同时饲料中添加复方次硝酸铋。

（二十六）尿结石

水貂尿结石多发生在发育较好的幼龄公貂，尤其是刚断奶后。

【病因】该病病因尚不清楚。

【临床症状】病貂频频排尿，有疼痛感，腹部或后肢被毛浸湿。多突然死亡。触诊下腹部膨满，感觉膀胱充盈尿液。

【剖检】多数尸体健康良好，剖开即见膀胱膨大，高度充满尿液，膀胱浆膜或大网膜充、出血。切开膀胱有浓茶水样尿液排出。可触摸结石数粒。

【诊断】根据临床症状和剖检即可确诊。

【防治】该病除手术外没有治疗方法。可加强预防，在仔貂分窝后，多给予鲜奶或奶粉，饲料调制稀些。可以添加氯化铵来预防结石形成。

附录1　日常饲料配方表

准备配种期日粮配方见附表1-1。

附表1-1　水貂准备配种期日粮配方

饲料原料	重量比（%）	饲料量（克/只）
基础饲料		
海杂鱼	20	56
牛头肉	12	33.6
牛羊内脏	10	28
兔头、兔骨架	10	28
鸡蛋	5	14
猪脑	2	5.6
窝头	14	39.2
白菜	12	33.6
酵母	1	2.8
麦芽	4	11.2
水	10	28
合计	100	280
添加饲料		
食盐	—	0.6
维生素 A（IU）	—	800
维生素 B_1（mg）	—	2
维生素 B_2（mg）	—	0.5

配种期日粮配方见附表1-2-1和附表1-2-2。

附表1-2-1　水貂配种期日粮配方

饲料	每418.7千焦代谢能的饲料量（克）	
	以海杂鱼或江杂鱼为主	以畜禽内脏为主
海杂鱼或江杂鱼	40～50	—
牛（羊）头肉	—	20～23
牛（羊）胃	—	10～12
心脾	—	10
肺	—	2
肝	—	8～10
牛奶	15～18	10～12
谷物	12	8～10
蔬菜	8～10	12
麦芽	7	5～6
干酵母	1.5	2.0
谷粉	1～1.2	1.0
食盐	0.3	0.3
合计饲料量	84.8～100	88～100
代谢能（千焦）	963～1 047	837～963

附表1-2-2　种公貂的补加饲料配方

饲料	补饲量（克）	饲料	补饲量（克）
鱼或肉	20～25	蔬菜	10～12
鸡蛋	15～20	酵母	1～2
肝脏	8～10	麦芽	6～8
牛奶	20～30	VA（IU）	500
兔肉	10～15	VE（mg）	2.5
窝头	10～12	VB_1（mg）	1.0

妊娠期日粮配方见附表1-3。

附表1-3　妊娠期母貂的日粮配方

基础饲料	重量比（%）	饲料量（克/只）	添加饲料	重量比（%）	饲料量（克/只）
海杂鱼	20	60	麦芽	—	15
牛羊内脏	12	30	酵母	—	5
兔头和骨架	10	30	维生素A（IU）	—	1 000
牛肉	12	36	维生素B$_1$（mg）	—	1
鸡蛋	3	9	维生素B$_2$（mg）	—	0.5
牛奶	13	39	维生素C（mg）	—	20
窝头	10	30	维生素E（mg）	—	2.5
白菜	12	36	食盐	—	0.5
水	8	24			
合计	100	294			

产仔哺乳期日粮配方见附表1-4。

附表1-4　产仔哺乳期水貂的日粮配制重量比例（%）

饲料	4月20日	5月5日	5月20日
海杂鱼	30	25	25
牛羊内脏	15	15	15
兔头和骨架	10	10	10
熟痘猪肉	5	5	5
窝头	10	10	10
白菜	10	12	10
牛（羊）奶	8	10	15
肝或鸡蛋	3	5	2
水	9	8	5
合计	100	100	100

日本和瑞典水貂饲料配合比例见附表1-5。

附表1-5 日本和瑞典水貂饲料配合比例（%）

饲料	日本				瑞典			
	繁殖期	哺乳期	育成期	冬毛期	繁殖期	哺乳期	育成期	冬毛期
鱼肉	59	52	51	55	41	52	45	35
鱼粉	—	1	1	1	—	3	4	4
兽肉	3	3	—	—	8	—	—	—
肝	1	1	—	—	2	2	—	—
血	4	5	6	5	4	—	—	—
鸡副产品	4	5	6	5	—	8	—	—
家畜副产品	10	12	14	10	15	—	10	10
脱脂奶粉	1	2	1	—	8	4	—	—
脂肪	—	1	2	—	1	0.8	2	2
谷物混合物	15	13	13	19	10	7	11	13
酵母	1	2	2	2	3	4	4	3
干酪	2	3	4	3	—	—	—	—
水	—	—	—	—	8	19.2	24	28
合计	100	100	100	100	100	100	100	100

附录 2 常见疾病及多发时期

常见疾病	多发时期	典型临床特征
犬瘟热	春季	硬足掌症、皮炎、腥臭味、结膜炎等
阿留申病	秋冬季	消瘦、嗜水、可视黏膜苍白
病毒性肠炎	6~8月份，幼貂易感	管状粪便
伪狂犬病	春秋多见	皮肤严重瘙痒
大肠杆菌病	分窝幼貂易感	排除混有血液带气泡粪便
沙门氏菌病	分窝幼貂易感	弓背、流泪、眼球塌陷、化脓性结膜炎
链球菌病	分窝幼貂易感	无典型临床症状
魏氏梭菌病	分窝幼貂易感	解剖症状明显
绿脓杆菌	多发生于秋季	鼻孔周围有血污或咯血

附录3　水貂常用药物

药物名称	用法	用量	单位	主要作用
1　促消化类药物				
乳酶生	口服	1~1.5	克	抑制腐败菌的繁殖。用于消化不良、胃肠卡他
胃蛋白酶	口服	0.2~0.3	克	助消化，用于消化不良和食欲减退
胃舒平	口服	0.5~1	克	用于消化不良和食欲减退
稀盐酸	口服	1~2	毫升	助消化，多用于仔貂消化不良和胃肠炎
2　预防结石类药物				
磷酸	口服	0.3~0.6	毫升	增加尿的酸性，预防结石
氯化铵	口服	0.1~0.3	毫升	同上
3　强心抗过敏类药物				
樟脑磺酸钠注射液	肌注	0.3~0.4	毫升	强心剂，增强心脏功能。用于心脏衰弱
尼可刹米	肌注	0.3~0.4	毫升	同上
肾上腺素	肌注	0.1~0.3	毫升	适用于休克、心力衰竭
地塞米松	肌注	0.5~1	毫克	用于各种炎症、过敏、发热、结膜炎等
4　解热镇痛类药物				
安痛定	肌注	0.5~1.0	毫升	镇痛解热，用于感冒体温上升
安乃近	肌注	0.5~1.0	毫升	镇痛解热，用于感冒体温上升
爱茂尔	肌注	0.4~0.5	毫升	解热镇痛止吐
5　麻醉类药物				
乙醚	吸入	视情况而定	毫升	麻醉剂，用于手术麻醉

（续表）

药物名称	用法	用量	单位	主要作用
0.5%戊巴比妥钠	肌注	视情况而定	毫升	麻醉剂，用于全身麻醉

6　营养代谢类药物

药物名称	用法	用量	单位	主要作用
维生素C	肌注、口服	10～20	毫克	抗应激，各种疾病的辅助治疗，治疗红爪病
维生素E	肌注、口服	5～10	毫克	维持生育正常，预防黄脂肪病
复合维生素B	肌注、口服	5～10	毫克	维持神经系统正常机能，有助于糖代谢。用于消化不良及神经症状
维生素B_2	肌注、口服	5～10	毫克	用于溢脂性皮炎、脚皮炎
维生素B_1	肌注、口服	5～10	毫克	维持神经系统正常机能，用于消化不良及神经症状
鱼肝油	口服	1千～2千	国际单位	预防、治疗夜盲症、佝偻症

7　产科类药物

药物名称	用法	用量	单位	主要作用
催产素	肌注	0.5～1	毫升	用于引产、子宫收缩无力
黄体酮	肌注	0.5～1	毫升	用于保胎、治疗流产
前列腺素	肌注	0.05～0.1	毫升	用于催产、引产
脑垂体后叶素	肌注	0.5～1	毫升	用于催产、化脓性子宫炎

8　抗菌消炎类药物

药物名称	用法	用量	单位	主要作用
复方新诺明	口服	0.1～0.2	克	磺胺类抗菌药，治疗呼吸道、泌尿道感染和伤寒、细胞性痢疾等
磺胺结晶粉	外敷	视情况	克	磺胺类抗菌药
烟酸诺氟沙星	口服	10～20	毫克/千克体重	喹诺酮类抗菌药，对革兰氏阴性杆菌的抗菌活力高
硫酸阿米卡星	口服	5～10	毫克/千克体重	氨基糖苷类抗菌药，主要作用于革兰氏阴性菌
氟苯尼考	口服	10～20	毫克/千克体重	氯霉素类抗生素

（续表）

药物名称	用法	用量	单位	主要作用
盐酸恩诺沙星	口服	10~30	毫克/千克体重	喹诺酮类广谱抗菌素，对革兰氏阴性菌、阳性菌均有效
盐酸吗啉胍	口服	50	毫克	适用于治疗流感、疱疹病毒
利巴韦林	口服	50~100	毫克	适用于病毒性感冒、病毒性传染病的辅助治疗
灰黄霉素	口服	0.1~0.2	毫克	适用于治疗皮肤真菌感染
青霉素钠（钾）	肌注	10~20	万单位	广谱抗菌药，主要对革兰氏阳性菌有强大的抑制作用
链霉素	肌注	10~20	万单位	广谱抗菌药，主要作用于革兰氏阴性菌
硫酸庆大霉素	肌注	20~40	万单位	广谱抗菌药，对多种革兰阴性菌及阳性菌都具有抑菌和杀菌作用
氯霉素	肌注	100	毫克	广谱抗菌药，用于结膜炎、脑膜炎、肠道菌感染等
土霉素	口服	0.05~0.1	克	广谱抗菌素，对革兰氏阴性菌和革兰氏阳性菌均有效
四环素	口服	0.05~0.1	克	广谱抗菌素，对革兰氏阴性菌和革兰氏阳性菌均有效

9 驱虫药物

药物名称	用法	用量	单位	主要作用
左旋咪唑	口服	50~100	毫克	主要用于驱蛔虫和钩虫
阿苯达唑	口服	50	毫克	可用于驱蛔虫、蛲虫、绦虫、鞭虫、钩虫、粪圆线虫等
伊维菌素	注射	0.5	毫克	对线虫和节肢动物有良好的驱杀作用

10 消毒类药物

药物名称	用法	用量
氢氧化钠	喷洒	3%~5%氢氧化钠溶液，地面、粪便、笼具消毒
漂白粉	喷洒	10%~20%溶液，对水、粪便、房舍消毒
高锰酸钾	喷洒	0.5%~1%溶液，对地面食具、饲料、房舍、创伤消毒

附录4　每只母貂年纯利润预算成本

每只母貂生产周期饲料费	约 200 元
每只母貂平均产 4 只仔貂饲料费	约 360 元
人工费	约 60 元
药物费	约 15 元
费用合计	约 635 元
4 只水貂皮张销售	约 1 000 元
每只母貂年利润	约 365 元